黄河乌兰布和沙漠段
风沙入黄过程与防治技术

尹瑞平　李锦荣　郭建英　董　智　田世民　等　著

科学出版社
北　京

内 容 简 介

本书围绕黄河上游宽谷河段入黄风沙运移机理、途径、量值及河道淤积成因存在的分歧与争议，以黄河乌兰布和沙漠段为典型研究区，在点、线、面尺度上，从宏观、中观和微观三个层面系统分析黄河沿岸土地利用变化过程中河道边界界定标准的确立；揭示沿岸起沙风规律与沙丘蚀积趋势，明确不同下垫面风沙输移过程，阐述宽谷河段的淤积成因；以河道为风沙输入输出基准，在明晰沙尘水平与垂直输移过程及影响要素的基础上，构建入黄风沙预测模型，预测未来来入黄沙量。同时，基于对不同固沙措施效益监测和分析，结合对传统风沙治理措施、材料、参数的系统梳理，本书提出黄河乌兰布和沙漠段沿岸入黄风沙的防治技术与对策。

本书可供从事水土保持学、河流泥沙学、风沙物理学、荒漠化防治工程学和环境科学研究的科技工作者，高等院校相关专业师生及水利、生态、林业的行业主管部门参考。

图书在版编目（CIP）数据

黄河乌兰布和沙漠段风沙入黄过程与防治技术 / 尹瑞平等著. —北京：科学出版社，2022.4
ISBN 978-7-03-072041-2

Ⅰ.①黄…　Ⅱ.①尹…　Ⅲ.①黄河-风沙防护　Ⅳ.①TV882.1

中国版本图书馆 CIP 数据核字（2022）第 057417 号

责任编辑：杨帅英　张力群 / 责任校对：郝甜甜
责任印制：吴兆东 / 封面设计：图阅社

科学出版社 出版
北京东黄城根北街 16 号
邮政编码：100717
http://www.sciencep.com

北京九州迅驰传媒文化有限公司 印刷
科学出版社发行　各地新华书店经销
*
2022 年 4 月第 一 版　开本：720×1000　1/16
2022 年 4 月第一次印刷　印张：10 3/4
字数：225 000
定价：110.00 元
（如有印装质量问题，我社负责调换）

前　言

　　黄河上游宁蒙河段先后经过腾格里沙漠、河东沙地、乌兰布和沙漠、库布齐沙漠等风沙地貌区，此段长 1080km，流域内沙漠沙地面积约 7.89 万 km²。该区域年均降水量 150～200mm，干旱少雨，大风频繁，黄河两岸的风沙活动强烈，局部地段沙丘密集高大，整体倾泻进入河道。风沙堆积在河道内，使河床淤积，河道发生分流、迁徙、萎缩、决口改道等自然灾害，严重降低河床的行洪和行凌能力，成为黄河上游粗砂的重要策源地。

　　乌兰布和沙漠是黄河上游沙漠穿越区入黄风沙最为严重的区域，黄河由峡谷河段进入内蒙古后变为宽谷河段，河道比降低，水流放缓，冲淤能力下降，形成约 200km 的"悬河"。在沙漠与黄河的耦合系统中，黄河作为风沙传输的边界存在，由于其自然地理位置的特殊性，风沙成为该河段黄河泥沙的主要来源，且该区域进入河道的风积沙粒径大于 0.05mm 的含量达 90% 左右，属于典型的粗砂来源区。20 世纪 80 年代黄土高原综合考察时，杨根生对宁蒙河段的入黄风积沙量进行了调查研究，认为黄河上游河道淤积主要集中在宁蒙段，主要来源于乌兰布和沙漠大于 0.1mm 的粗砂，其入黄风积沙量为 1900 万 t/a，2003年杨根生认为入黄风积沙量为 2800 万 t/a。也有报道称，该区域 2008 年入黄沙量为 9000 多万 t/a，但未提及数据来源和计算方法。

　　综上所述，因对黄河沿岸的环境变迁以及对风沙输移规律的系统研究不够，致使人们对风沙入黄的机理和量值存在较大的分歧和争议，导致难以定夺相关的治理方案和措施。因此，本书基于长序列第一手野外实测资料，系统地研究了入黄风沙机理，科学界定了该区域风沙入黄途径和入黄风积沙量，构建了入黄风积沙量预测模型，提出了科学的防治对策及其技术措施，有助于丰富黄河上游水资源开发利用和水沙调控体系建设，同时对于研究该区域水沙变化、泥沙输移及河床演变是一个有益的补充，进而对促进黄河流域风沙区的科学治理和绿色高质量发展具有重要的现实意义。

本书由尹瑞平、李锦荣、郭建英、董智、田世民等统筹编撰提纲，共 9 章内容。第 1 章从风沙运动、沙丘地貌形态及其运移特征、风沙危害方式、风沙危害防治措施与机理、入黄风沙研究进展等方面进行概述。第 2 章简要阐述研究区域的自然与社会经济概况。第 3 章介绍沿黄两岸土地利用类型、河岸摆动情况，明确不同季节河岸扩张的影响因素。第 4 章对风积沙入黄途径、沙物质来源及不同下垫面风沙粒度特征进行分析。第 5 章对探究不同下垫面的风沙流结构、风速廓线、输沙通量等风沙运移特征进行系统研究与分析。第 6 章对黄河沿岸不同治理措施下风沙活动和固沙效果进行评价研究。第 7 章对沙丘的形态及其运移特征进行观测分析。第 8 章构建入黄风沙量估算模型并对未来 30 年入黄风沙量进行预测。第 9 章因地制宜提出黄河宁蒙河段入黄风沙防治技术与对策。

本书研究成果由国家自然基金项目（42071021）、中国水科院科研专项［中国水科院五大人才计划——团队建设计划（MK0145B022052）］、内蒙古科技计划项目（2020GG0125）、水利部行业公益项目（201401084）共同资助完成。本书在撰写的过程中参考和引用了国内外有关书籍和文献，特此感谢。

由于著者水平有限，书中若存在不足之处，敬请读者批评指正。

尹瑞平

2021 年 10 月

目 录

第 1 章

绪　　论

　　黄河乌兰布和沙漠段穿行于我国北方干旱区与半干旱区过渡地带，南起乌海市水利枢纽，北至磴口县的三盛公水利枢纽，全长 89.6km，其中 40km 河道有流动沙丘直接侵入。区域内干旱少雨，且大风频繁，两岸的风沙活动强烈，沙丘密集高大，沙丘链高 7~20m 左右，最高达 65m，西北高东南低，整个地势倾向黄河，且地势倾向与主风方向基本一致。在大风和暴雨作用下，其水土流失极其严重，大量风沙直接向黄河倾泻，成为黄河粗砂的重要策源地，致使黄河乌兰布和沙漠段的泥沙含量显著增加。黄河泥沙含量的剧增，使河床淤积抬高速度加快，形成"地上悬河"，造成该区域的黄河主流发生摆动，河岸崩塌，冲毁农田和林地，直接影响三盛公水利枢纽工程和下游其他水利工程的安全运行，严重威胁两岸人民群众的生命财产安全，给当地防凌防汛任务形成巨大的压力，极大地影响了当地和下游地区社会经济的可持续发展。因此，摸清黄河乌兰布和沙漠段的入黄风积沙量，对于推动该区域沿黄两岸恶劣生态环境的综合治理，保障黄河乌兰布和沙漠段的健康运行具有重要意义，也可为黄河上游的水沙调控提供现实科学依据。

1.1　风沙运动研究进展

　　风沙地貌是广泛分布于干旱、半干旱，甚至部分湿润地区的，由风力作用形成的一种地貌类型。风蚀及土地沙漠化是世界上干旱、半干旱地区的主要环境问题之一。我国的沙漠、戈壁与风蚀劣地、沙地和沙漠化土地在干旱、半干旱和部分半湿润地区广泛分布，构成北方地区主要的土地类型（王涛和赵哈林，2005）。沙漠化与沙尘暴是中国北方地区的主要环境灾害，对中国北方地区的社会与经济可持续发展造成了极大的威胁，引起了全社会和中国政府的高度重视。因此，对风沙运动机理（通常被称为风沙物理学）的研究一直是沙漠科学和防沙治沙工程关注的主要课题之一（黄宁和郑晓静，2007）。风沙物理学是研究各种风沙现象的规律和形成的物理机制及其利用与控制原理的科学，是介于沙漠科学和物理学之间的边缘科学，是沙漠科学中以基础研究和应用基础为主的重要分支学科（董治宝，2005）。风沙地貌学是研究在风力作用下物质运动形成的地表形态特征、空间组合规律及其形成演变的科学，是地貌学中以风为外营力形成的地貌为对象的分支学科。风沙地貌形态与组合特征、组成物质和形成过程是风沙地貌学研究的三大核心内容。风沙地貌的形成与演化过程、空间组合特征和形态特征是区域内部环境与外部环境相互作用的结果（张正偲和董治宝，2014）。风沙运动是气固两相流的一个重要研究分支，并作为风沙物理学研究的核心内容备受重视（吴正，2009）。风沙运动学主要开展沙尘颗粒启动、滑移、跃移以及悬移运动的动态追踪，运动沙粒间、运动沙粒与地表冲撞过程中的能量传输与转换过程与规律等方面的研究，构建沙粒运动学理论的数学表达式，寻求数学方程（组）的求解途径；开展定沙床风速廓线特征及若干空气动力学特征参数的确定与变化规律、不同风力及沙物质条件下风沙流固体流量结构、速度场、能量结构特征及其数学模型和风速廓线与风沙流结构的耦合研究，建立和求解风沙两相流体动力学方程组（王涛，2011）。风沙运动是沙漠地貌学研究的一部分，也是流体力学中多相流研究的一个重要内容（董飞等，1995），因此在国内外曾引起了不同学科众多学者的重视，他们在理论探讨和室内外实验研究方面都做了大量的工作。

　　20 世纪 30～50 年代是基于野外观测和实验测量的基本研究阶段，在这一阶段风沙运动研究的主体框架基本形成（黄宁和郑晓静，2007）。此研究阶段的重要代表学者是 R. A. Bagnold。针对土壤风蚀研究的一些基本物理量，如未起沙地表和起沙地表上方的风速剖面、沙粒运动的临界风力、沙粒跃移运动特征轨迹和单宽输沙率等，R. A. Bagnold 借鉴了空气动力学的分析手段，开展了大量的野外观测和风洞实验研究。1941 年，他发表了关于风沙物理学的著名论著 *The Physics of Blown Sand and Desert Dune*（《风沙和荒漠沙丘物理学》），把风沙运动作为一个空气动力学问题加以研究，在该书中他将风沙运动分为跃移、蠕移与悬移 3 种相互关联的运动形式（Bagnold，1941）。其中跃移是指沙尘颗粒在近地层做跳跃式的运动，蠕移是指颗粒在地表的滚动和滑动，而悬移是指沙尘颗粒悬浮于空气中保持一段时间而不与地面接触的运动形式。当风力很强，沙尘颗粒被输送到几百甚至几千公里时沙尘颗粒的悬移运动即为沙尘。不同大小的众多沙粒在风力作用下发生的碰撞以及在地表的蠕移运动、在近地表层的跃移运动和一定高度上方的悬移运动，构成一种典型的力学系统。他通过实验室中的风洞实验和利比亚沙漠中的野外观测来确定沙粒运动的力学机制，并指出沙粒运动主要发生在离地表不到 1m 的高度范围内，平均高度约为 10～20cm，而且大气湍流在维持沙粒向上运动中只起着较小的作用。在这一著作中，他对未起沙地表和起沙地表上方的风速剖面、沙粒运动的临界风力、沙粒跃移运动特性轨迹、风力输沙的单宽输沙率等风沙物理学的相关问题进行了较为广泛的研究，得到了一系列非常有意义的结果。尽管以后的众多研究表明这些结果大都还需要进一步改进，但 R. A. Bagnold 的奠基性工作无疑对后人产生了极其深远的影响。

　　遵循着与 R. A. Bagnold 类似的理论体系，许多学者在 20 世纪 40～60 年代进行了大量的野外观测和风洞实验，对风沙运动的性状进行了多方面的描述，并利用实验数据对风沙运动、输运和沉积的机理以及风蚀率的影响因素等诸多问题进行了初步的研究。在此期间，受当时美国大平原和加拿大西部频繁发生沙尘暴的影响，美国土壤学家切皮尔（W. S. Chepil）领导的研究小组对土壤风蚀做了系统研究并提出了风蚀预报方程，他的研究既增强了对风沙运动的理解，也为风沙运动的应用研究树立了典范；苏联学者的风沙流研究以兹纳门斯基为代表，主要研究各种粗糙表面的风沙流蚀积规律；日本学者河村龙马等也对风沙运动进行了研究。这一时期内，由于人们对风沙运动的认识还处在一个较低的水平，所以有关的工作多是实验研究，目的是从中获得对风沙运动的感性认识，进而促进风沙运动理论模型的建立。

　　随着人们对风沙运动认识水平的提高，国内外学者从 20 世纪 60 年代后期开始致力于建立风沙流中颗粒运动的数学模型，由此风沙运动研究进入了数学建模与定量模拟阶段。此研究阶段的主要推动是由于航天领域对火星、金星等行星表面的地貌特征及其演化过程的兴趣，使得人们进行了大量的风洞实验和数值计算，以探讨不同大气环境下颗粒的起动和跃移过程及其与风成地貌的关系。各国学者利用高速摄影技术，结合理论分析与计算对单一颗粒的运动特征进行了深入细致的研究，但却没有能够将这些微观研究成果应用于定量描述风沙流整体行为的论著出现。Owen（1964）、Ungar 和 Haff（1987）等学者首先通过简单的单一形状轨道的假定，建立了风沙运动模型，揭示了边界层中沙粒运动的一些基本特性。如 Owen（1964）求得沙粒的跃移高度正比于摩阻风速的平方，并以此来度量风沙边界层的厚度；Ungar 和 Haff（1987）通过数值模拟得出了风—沙粒相互耦合时风沙层里的风速廓线，以及与 Bagnold（1941）的实验结果定性相同的起沙后风速沿高度分布曲线中的 Bagnold "焦点"。这些基础研究成果，使人们认识到风沙边界层中沙粒对风速的反作用在风沙运动分析中是不能忽视的，亦即，在风沙流分析中必须采用风与沙粒的双向耦合模型。Owen（1964）及 Ungar 和 Haff（1987）在模型中采用了沙粒运动的单一轨道的假定，显然这一假定与实际不完全相符，从而得到的输沙率沿高度分布也和实际情况有较大的差别。为了既能克服这个缺点，同时又能考虑沙粒的群体特性与风沙的关系，人们开始将注意力集中到了起跳沙粒的初速度分布函数上，这一时期是风沙研究蓬勃发展的时期，由解释行星地貌形成过程带动的风沙运动研究热潮一直持续到 80 年代初。

以 1985 年在丹麦 Aarhus 大学举行的第一届风沙物理学国际研讨会为标志，风沙运动研究进入了注重微观研究与宏观研究相结合的新阶段，对自 Bagnold（1941）以来的风沙物理学研究进行了全面而系统的总结（董飞等，1995）。在此之前，理论研究主要是针对单个颗粒运动进行的，即属于细观研究的范畴。Aarhus 会议之后，更多的注意力转向如何利用单个颗粒的运动特征去解释风沙流的整体特性，即开始用微观研究得到的规律去解释宏观现象。这一阶段研究有重要推动作用的是美国学者 R. S. Anderson，他于 1988 年在著名期刊 *Science* 发表了题为 "Simulation of eolian saltation" 的论文，文中从单颗沙粒起跳开始，在空中吸收风能后撞击沙面，由击溅函数得到反弹沙粒和被溅起沙粒数及其速度，通过考虑沙粒对风场的反作用力，模拟了风沙跃移运动从起始阶段至风沙流达到自平衡状态的整个过程，他们的这些结果与实验结果能够在定性上相吻合，但在定量上相差较大（Anderson，1988）。第二届风沙物理学国际会议主题为 "风沙过程与风蚀环境"，于 1990 年在丹麦召开，以纪念风沙物理学的奠基人 R. A. Bagnold 和另一位风沙物理学大师 P. R. Owen。1991 年，国际著名力学期刊 *Acta Mechanica* 为此次会议出版了题为 "风沙迁移" 的专辑，其中首篇即为 R. S. Anderson 的综述性文章 "风沙运动研究的进展"，他在该文中详细介绍了风沙运动研究的进展与存在的问题，并指出 "风沙运动研究中已有的定量化理论模型还远未达到能够对输沙率进行可靠预测的程度"。其后直到 2002 年在美国召开的第五届风沙物理学国际会议，在风沙运动基础理论，包括风沙运动数值模型和理论预测以及沙丘地貌的动力学过程等方面，没有出现突破性进展。

21 世纪初，我国风沙运动研究取得若干新的进展。董玉祥（2001）通过对国内外在海岸沙丘表面气流运动与风沙流结构观测、海岸风沙运动速率观测、海岸风沙运动模拟研究方面的回顾，较为详尽地评述了近期海岸风沙运动观测与模拟研究的主要进展。我国的力学工作者进行了许多理论研究工作，还进行了卓有成效的风沙治理。以著名大气物理学家曾庆存院士为首的一批从事气象、遥感、地理和环境研究的科技工作者，在国家项目的支持下，充分发挥多学科联合攻关的优势，在沙尘暴研究方面取得了多方面的创新性研究成果（郑晓静和周又和，2003；郑晓静，2007）。郑晓静、黄宁等研究力学和地学的学者联合进行风沙运动与沙漠化方面的研究工作。郑晓静教授在 2000 年主持的国家重点基础研究发展规划项目（973 项目）第 2 课题"风沙运动的力学机理与土壤风蚀的定量评价"研究中，给出了沙粒电荷与临界风速和输沙率标准方程关系的有力解释，而且在跃移输沙率和处理静电力影响方面进行了深入研究。黄宁和郑晓静（2007）通过实验研究、理论预测和计算机模拟，研究了混合粒、床碰撞问题，进而首次全面给出了包含粒径信息的随机碰撞击溅函数，在此基础上，通过考虑沙粒在风场中的动力学特性，特别是沙粒的蠕移运动，实现了对沙波纹形成过程的模拟并分析了影响沙波纹物理特性的各种因素。

除了以上兰州大学风沙环境力学研究小组在风沙运动力学机理方面取得的进展之外，我国广大地学与其他科学工作者也在风沙运动与风沙地貌等方面开展了大量的研究（董治宝，2005）。Dong 等（2004a，2004b）对不同沙粒粒径在不同风速（摩阻风速）时的输沙率在风洞进行了比较全面的测定，以期寻找比较合适的输沙率计算公式，其结果表明，输沙率可用改进的 Bagnold 型方程来计算，但输沙率与沙粒粒径的关系与 Bagnold 方程不同。李振山和倪晋仁（2003）从挟沙气流中两个代表性无量纲参数——输沙率参数和特征风速参数之间的关系入手，结合大量的实测输沙率资料，对形式各异的输沙率公式进行了分析和比较，指出了现行输沙率公式适用范围的局限性。邹学勇等（1999）应用高速频闪摄影技术和理论分析相印证的方法，研究了风沙流中跃移沙粒的速度与浓度的分布。邢茂和郭烈锦（2004）运用颗粒-流体两相流的随行走扩散模型研究了紊流风场下起跃沙粒的运动轨迹特性，得出了轨迹参数（长度、高度和撞击角）随沙粒粒径和风速的变化规律。刘小平和董治宝（2002）设计了用以计算对数风速廓线中非线性参数——零平面位移高度的计算机非线性回归法。倪晋仁等（2003）以测试参数较为齐全的挟沙气流风洞实验资料为基础，结合已有各家资料重点对近床面区挟沙气流流速垂线分布进行了系统的分析。张春来等（2002）应用 Cs^{137} 估算出青海共和盆地典型草原、被开垦草原和半固定沙地的风蚀率。屈建军等（2001）试验了尼龙网栅栏，作为传统防沙栅栏的替代品，根据野外实测和室内风洞实验的数据分析，认为塔里木沙漠公路沿线高立式沙障和半隐蔽式沙障发挥了较大的防沙效益。

目前，风沙运动研究的焦点更多集中于风沙流的非平稳特征，相关的问题如：起沙条件与输沙率的时空变化、湍流结构与输沙之间的关系以及流场脉动特征对输沙率预测结果的影响等。

1.2　沙丘地貌形态及其运移特征研究进展

1.2.1　沙丘地貌形态特征研究进展

风沙地貌是由于风力搬运堆积而形成的地貌类型，广泛分布于干旱、半干旱及半湿润、湿润地区的沿海地区，甚至于太空中亦有分布（李继彦和董治宝，2015）。沙丘地貌的研究主要是研究风力作用下沙物质运动堆积而成的地表形态特征、空间组合规律，即沙丘地貌形态、沙丘组成物质以及沙丘地貌形态的形成过程，从外在形态综合反映了小区域范围内沙丘内部环境与外部环境的相互作用。内部环境包括沙丘基本构成、微地形与气流间的相互影响、区域沙物质物理化学性质等；外部环境包括起沙风大小、风向及风速，供源沙物质特征和区域生态效应等。风蚀是产生沙丘地貌形态的首要因素（Bagnold，1941），风力的大小、风季的持续时间显著影响沙丘的形成与地貌特征（Chepil，1942）。区域内因微地形的不同，甚至周围沙丘的大小不同，均对沙丘表面风速产生显著影响（Lancaster，1985；McKenna et al.，1997；Ewing and Kocurek，2010），造成沙丘类型不同，其中窄单峰风易形成横向沙丘，双峰风与线形沙丘形成相关，而复合风则与星状沙丘相关。

对于沙丘地貌学的研究，经历了从简单描述到定量综合测量的过程，取得较大发展，按研究手段可划分为5个阶段：①简单描述阶段，利用文学手法描述沙丘形态，如大漠沙如雪、沙翻大漠黄、穷荒绝漠鸟不飞、万碛千山梦犹懒等；②定性描述阶段，简单的数据分析沙丘表面形态特征；③定点野外观测实验，主要利用插钎法、风蚀桥法，重复测量求得一般规律等；④RS与GIS技术的引用，主要利用卫星图片进行解译，研究沙丘形态及沙丘演化的数字模拟；⑤三维综合测量，运用GPS、全站仪、实时动态差分GPS、三维激光扫描仪等，使得区域地貌形态测量得到一定发展，但工作量较大。关于沙丘类型的划分成果较多，按照沙丘形态：新月形、线形、反向、星状及抛物线沙丘，另有沙片、沙带、穹状沙丘、风蚀坑沙丘等一般类型；按照沉积的条件将沙丘分为自由沙丘和障碍物沙丘，又细化为稳定沙丘、定位沙丘以及移动沙丘；按沙丘复杂程度还可区分出复合沙丘和综合沙丘两类（董治宝，2005）。现已基本查清世界各大沙漠的沙丘组成情况，就所占面积平均而言，以线形沙丘和横向沙丘为主（Lancaster et al.，1987）。我国对于沙丘形态的研究始于吴正（2003）在总结前人的基础上，详细地说明了沙漠的起源与发展，沙丘基本概况等内容，提供大量的风沙地貌知识。1984 年朱震达等对塔克拉玛干沙漠的全方位野外考察，对沙漠的基本发育过程、沙丘移动规律、灾害防治等方面进行了系统的野外监测研究，并提出了中国沙漠沙丘类型的划分系统。

随着遥感影像的发展，遥感技术和数字高程模型在沙丘测量中的应用，为沙漠地貌的定量研究提供了技术支持。众多学者深入沙漠腹地开展工作，探讨沙丘地貌形成的机制与规律，其中董治宝等（2008）对库姆塔格沙漠"羽毛状沙丘"的卫星影像纹理特征、光谱特征等深入探讨其风沙地貌，提出从空间尺度上区分不同类型沙丘的必要性。屈建军等（2003）以分维为工具，以分维数为中介参数刻画了巴丹吉林沙漠高大沙山典型区风沙地貌的形态特征。王训明等（2002）通过对塔克拉玛干沙漠不同区域发育的简单横向沙丘的形态学示量特征分析，表明简单横向沙丘的形态特征与沙源的供应有十分密切的关系。王莉萍（2013）通过遥感影像解译对金字塔沙丘分布区重新做了界定。丛殿阁等（2014）基于 DEM 和 ETM 数据建立沙丘地貌特征的遥感影像特征图谱，提取了沙丘地貌形态。蒋缠文等（2013）基于 MATLAB 平台的遥感影像进行解译，对沙丘脊线的提取以进行沙丘地貌格局参数的计算。哈斯（1995）应用野外观测和航片分析相结合的方法探讨了腾格里沙漠东南缘主要沙丘类型的高度与间距之间存在良好的幂函数关系。沙丘地貌形态的形成受多方面的影响，曾雅娟（2008）基于遥感影像定量分析抛物线沙丘与植被盖度的相关性。同时，通过历史资料、气象数据等探讨抛物线沙丘形态特征及成因。张正偲和董治宝（2014）通过自动气象站的风资料、卫星影像对黑河流域中游沙漠的风能环境与风沙地貌进行探讨，发现风能环境与风况对风沙地貌沙丘的形成起着重要作用。刘陶等（2010）通过气象资料分析、遥感解译、野外地貌调查，对巴丹吉林沙漠不同沙丘的形态特征及其动力机制进行了系统研究。崔徐甲等（2014）发现频繁的季风交替作用可能是沙山演化过程中的一个重要影响因素，同时高大沙山植被特征与地貌形态的形成有关。

1.2.2 沙丘移动特征研究进展

沙丘移动归根结底是沙物质在风蚀中的搬运堆积过程，即单颗沙粒与气流的互作。对于沙物质的研究主要集中于颗粒形状、粒度特征以及沙物质的矿物组成等，可以推测沙丘的起源及气候变化。沙物质颗粒形状的调查是应用数字图像处理技术来提取不同大小不同形状的沙物质。赵玉峰和周又和（2007）基于小波变换和图像分析理论检测和识别了沙粒的平均粒径，实现对沙粒平均粒径的检测和识别。于翔等（2007）利用 Adobe Photoshop 对悬沙颗粒图像预处理，实现了对颗粒粒径的边缘化提取。高君亮等（2014）基于数字图像处理技术得到颗粒实际形状大小多边形图像，并通过颗粒等效面积与等效周长求取的颗粒分形维数。王淮亮（2013）根据颗粒影像的 RGB 灰度值特征进行决策树图像分类，并用面积补偿方程修正分类提取结果，最终得出风蚀地表不同颗粒含量。粒度特征不仅是反映沉积物的重要结构特征，还是研究古气候环境演变的良好标志，因土壤固体组分的大小、数量、形状及其结合方式的不同，不同土地利用类型下土壤的粒径分布势必存在差异（Tyler and Wheatcrafu，1992）。粒径分布已成为衡量土壤发生、土壤肥力乃至土壤环境等领域常用的重要指标（苏里坦等，2008）。张正偲和董治宝（2012）指出随着风蚀程度的增加，表层土壤粒度逐渐变粗。贺晶等（2015）对流沙地及邻近草地沙物质粒径组成的分析发现随着植被盖度的增加，细颗粒物的含量增加。赵文智等（2002）对土地沙质荒漠化过程的土壤粒径分布研究发现 0.05mm 是沙质荒漠化风蚀掉的悬移质的最大粒径值。高君亮等（2014）对毛乌素沙地 5 种不同利用类型的土地粒径分析得出，草地到沙丘的演化是一个主要以极细砂、粉砂质量分数减少的风蚀荒漠化过程。就沙丘而言，钱广强等（2011）对巴丹吉林沙漠不同区域、不同类型沙丘、不同地貌部位的地表沉积物样品进行粒度分析表明该区主要是细砂。王训明等（2004）对简单横向沙丘表面物质组成发现在低中强度风沙活动过程中，被输送的沙物质的粒度组成与下垫面物质有明显的差异，被输送沙物质的平均粒径小于下垫面沙平均粒径，输沙过程是一典型的随机过程。

1.3　风沙危害方式

传统的风沙危害是指风沙流和沙丘移动所造成的对农田、牧场、交通和工矿居民点的危害,其实质是在风力作用下,地面沙物质在吹蚀、搬运和堆积过程中,对人类活动和生产设施的危害。广义的风沙危害不仅仅指风沙流和沙丘前移的具体危害,还包含整个生态环境退化、土地资源损失以及连带引起的地区经济滞缓、社会不稳定等社会经济问题,其核心是生态环境恶化。风沙危害主要有以下几种方式。

1) 土壤风蚀

土壤风蚀是运动的空气流与地表颗粒在界面上相互作用的一种动力过程,它是沙粒运动和风沙流形成的开始。风蚀可分为迎面吹蚀、底面潜蚀和反向掏蚀三种。它们的主要作用力分别是风作用力、形状阻力或涡旋阻力和渗透压力。迎面吹蚀一般发生在物体或沙丘的正面,潜蚀发生在地表层里,而掏蚀则发生在背风面和侧面。迎面吹蚀使丘体逐渐萎缩,迎风面向上倾斜,背面发生反向流动,进行反向掏蚀,形成凹口或拗陷带。自然界的风蚀是错综复杂的,一般都是正向吹蚀和反向、侧向掏蚀同时进行,风蚀和沉积相间出现。常见的土壤风蚀是一个缓进的变化过程,形成风蚀凹地、风蚀蘑菇和风成地形。但沙尘暴过程中,由于空气不稳定,垂直上升力的强烈作用,土壤风蚀迅速,在疏松的耕地中常能一次吹蚀 5cm 厚的土层。

2) 磨蚀

挟沙气流对建筑物、设备设施的摩擦损失称为磨蚀,以物体的外打磨和沙尘进入机械转动部分产生的内研磨等造成对物体的危害。

风沙流对物体的外打磨,是指其对物体四周的打磨作用。然而,物体各面的受力是不同的,当挟沙气流吹蚀圆形或扇形的物体表面时,气流分离。大约有 43%表面是迎面吹蚀,压力是正的,其表面压力是负的。表面压力为负值时,表面受到的是形状阻力或涡旋阻力作用,产生反向掏蚀。强沙尘暴过程中,在密集沙土颗粒持续不断地撞击下,暴露在风沙流中的物体要经受巨大的冲击力。

3) 沙割

风沙流对农作物或其他植物的危害主要为风对植株的外打磨,俗称沙割。沙割破坏植物的营养器官,缩小叶面积,抑制植株生长,推迟生长期和降低产量。

4) 沙埋

沙埋是风沙危害最明显和最严重的一种形式。沙埋可以由风沙流沉积造成,也可以是由于沙丘整体迁移而产生。它们的压埋运动性质和特点是不同的。风沙流的沉积压埋,主要发生在分离回流区,有一个渐进的过程,而沙丘前移产生的压埋则主要决定于沙丘本身的运动性质，与地表地物关系较小。它虽然也有个过程，但压埋的速度一般要比风沙流沉积快得多，特别是低矮沙丘的压埋。风沙流中沙土颗粒的沉积按运移机制分为三类：①沉降堆积，适合于悬移质尘粒的沉积；②停滞堆积，由于地表阻力增大，近地层风速减弱，挟沙能力减低，风沙流中跃移质和蠕移质的沙粒停止运动并产生堆积；③遇阻堆积，风力如常，但由于地表不连续或性质发生变化，蠕移质沙粒受阻沉积，一部分跃移质沙也因地面反坡向坡的弹射，轨道改变方向，产生堆积。沙丘前移产生压埋的形式分为前进型、摆动前进型、复合前进型和摆动合成前进型四种。

5）沙尘暴和浮尘

悬移质的沙尘在足够强劲持久的风力和不稳定的空气层结条件下，随气流升空形成沙尘暴或浮尘。沙尘暴指强风将地面大量沙尘卷起，水平能见度小于1km 的天气现象，其中强沙尘暴水平能见度低于 200m，特强沙尘暴水平能见度低于 50m，俗称"黑风暴"。浮尘指尘土、细砂均匀地飘浮在空中，使水平能见度低于 10km，多为远处沙尘经上层气流传输而来，或是沙尘暴天气过后细粒物质在空中持续悬浮的现象。沙尘暴的危害除大风破坏建（构）筑物（如刮倒房屋）对人形成连带危害、破坏温室或塑料大棚、迅速磨损机械设备外，还严重危害交通安全。因为沙尘颗粒在沿程吸收和散射目标的反射光，使目标与背景的对比度减小，能见度迅速降低。漂浮至空气中的悬移质沙尘还影响人类和动植物的呼吸等新陈代谢过程，影响生存空间环境卫生，污染水源。全球每年有 900～3300Mt 的土壤物质经风力侵蚀、搬运和再沉积（Alfaro，2008），所产生的沙尘物质和形成的风成沉积以细颗粒物质为主，不仅引起土壤养分的再分配（Field et al.，2009），而且影响区域乃至全球气候和水文-生物地球化学循环（Ramanathan et al.，2001），改变辐射平衡，污染大气，影响人类健康（Goudie，2014；Itzhak et al.，2016），影响地表植被空间分布格局（Etyemezian et al.，2017）、造成区域生态系统植物种群退化和生物多样性减少（Okin et al.，2001）。

6）土地沙漠化

土地沙漠化是指包括气候变异和人类活动在内的种种因素造成的干旱、半干旱和亚湿润干旱地区的土地退化。狭义的荒漠化（即沙漠化）是指在脆弱的生态系统下，由于人为过度的经济活动，破坏其平衡，使原非沙漠的地区出现了类似沙漠景观的环境变化过程。土地沙漠化易引起植被的破坏和退化，从而使地表反射率增高，减少地面对太阳能的吸收和利用，使地表成为一个冷源。由于植被减少，植物蒸散随之减少，致使空气中水分减少，气候干燥，反过来又降低了成云致雨的条件，使干燥愈甚。土地沙漠化对环境系统也有极大的影响，河流泥沙增多，泥沙沉积使河床抬升，形成"地上悬河"，容易泛滥成灾，水库淤积，库区面积扩大，也都局部影响气候，反过来又影响到全球的水分循环和水分平衡。

1.4　风沙危害防治措施与机理

1.4.1　国内外风沙防治工程研究动态

近百年来，人们与风沙的交往愈来愈多，一方面是随着技术的进步，人们对资源开发深入到荒漠地区；另一方面，土地荒漠化在全世界蔓延，使原非沙漠的地区出现了类似沙漠地区的风沙问题。生活在沙漠和沙漠化地区的人们更是无时不在与风沙打交道。古代人们对风沙危害只是逆来顺受和躲避，直到近代人们才开始与风沙抗争，出现防沙治沙工程。风沙危害防治研究称为治沙工程学，是以物理力学观点研究风沙运动及其动力过程、风沙危害的形成机制，探索减少风沙流输沙量、削弱近地表风速、延缓或阻止沙丘前移，防治风沙危害的有效措施及其防治原理。风沙危害的防治开始于海岸沙丘的治理（王涛，2011）。自16世纪40年代，丹麦颁布了防治海岸沙丘危害的法令，随后英国、荷兰、德国及一些波罗的海沿岸国家都相继采取措施治理海岸风沙危害（朱震达和王涛，1998），第一个从理论上提出造林治沙的是德国的J.D.提丘斯。19世纪80年代初，里海东岸铁路修建中风沙防护方案的制订与实施，正式拉开了现代风沙防治工程的序幕。当时的防治方案较为简单，在紧靠铁路路基处，用芦苇和旧枕木阻挡流沙入侵和防止路基风蚀；沙丘表面用碎石、黏土覆盖和喷洒盐水固沙。由于缺乏系统的科学理论指导，防沙效果并不理想。20世纪以来，随着内陆沙漠的开发，治沙已从海岸沙丘转向沙漠中铁路公路沙害的治理。30年代，西亚和北非沙漠地区发现了蕴藏量可观的石油、天然气。在石油开发中，阿尔及利亚、沙特阿拉伯、阿曼、阿联酋、伊朗等国家分别在撒哈拉沙漠、内夫德沙漠、鲁卜尔哈利沙漠、胡泽斯坦阿瓦士沙漠地区修建了许多公路，这些公路主要穿行于戈壁或固定、半固定沙丘区，也有小段穿越沙丘低矮的流沙地段。防沙工程以喷洒原油（重油）和其他固沙剂为主；60年代，苏联加快开发卡拉库姆沙漠地区，修筑了长约200km的查尔朱—马雷公路，铺设了布哈拉—乌拉尔天然气输送管线，为了防治沙害，采取了多种防护措施，还专门成立了涅罗森固定流沙的研究中心（朱震达和王涛，1998）。

19 世纪后半叶的欧洲工业革命，促进了各地的工农业发展，土地开发过程中风力吹蚀已经严重地影响到干旱、半干旱地区的农业生产，为风沙防治学科提出了新的课题，促进了风蚀科学研究的发展。1911 年，Free 总结了前人有关土壤风蚀的文献目录中，就有 2475 篇关于风与土壤相互作用、风蚀土壤物质的损失与搬运方面的文献（Bagnold，1941）。此时土壤保护学家亦开始认识到，增加土壤凝聚力或保护地表可以减少土壤风蚀（景可，2005）。20 世纪 30 年代的北美洲西部平原和 50～60 年代的苏联中亚地区先后发生的黑风暴，引起人们对土壤风蚀、运移、堆积的高度关注，美国和加拿大先后颁布了土地法令，采取有效措施防治土壤风蚀的同时，风蚀和风沙运动的研究获得突出的进展。英国物理学家 Bagnold（1941）进行了一系列风沙运动的基本实验研究，创造性地应用和发展了冯·卡门、普朗特以及谢尔德创立的流体力学理论，创立了"风沙物理学"，开了风沙物理与风沙工程基础理论研究的先河。美国科学家研究了沙粒起动过程和模式、风沙两相流的结构，并在风沙物理学方面不断进步；切皮尔研究了土壤性质与风蚀的关系，确定了土壤的可蚀因子。

在风沙危害防治工程中，对地貌要素的评价予以特别重视，提出民用及工业设施在开发过程中，保护和利用以前形成的地貌要素，恢复和完善有利的工程地貌环境，保持地貌单元的动态平衡；研究了流沙分类，确定防止风蚀和沙埋及其他风沙过程的风沙工程体系；进行了流沙生物土壤改良和沙地农业开发的技术措施。风沙防治工程的措施不断拓展，理论研究有了长足进步，风沙防治工程走上了有理论指导下的技术日臻完善时期。20 世纪 40 年代，苏联在卡拉库姆沙漠地区修筑铁路时，已开始尝试用草方格固定流沙，用半隐蔽式沙障铺在沙丘 2/3 以下部位，借助风力拉平沙丘等机械工程手段防治铁路沙害；以阿尔及利亚为代表的撒哈拉北部沙漠国家曾采用高立式塑料网大方格沙障、水泥条格状沙障防沙，营造枣椰林绿洲以分割沙丘；以伊朗为代表的亚洲西部沙漠国家则赖以丰富的石油产品，采用喷洒原油、乳化石、高分子聚合物有机材料和无机合成化学材料的化学工程固沙并配合植物固沙；埃及用草方格沙障防止地中海沿岸沙丘对绿洲的危害，都不同程度地取得一定效果。

中国的干旱、半干旱区土地广袤，风沙危害严重。勤劳的沙区群众在与沙害斗争中积累了丰富的治沙和沙区土地开发经验。据可靠的记载，清代初期（康熙、雍正时期）一些地方政府就开始组织民众营造防护林，深受风沙危害的群众自发组织"森林会"，到清末已经遍及沙区。1942 年，中共靖边县委书记惠中权发动群众栽种旱柳和沙柳、柠条，建水浇地，使风沙受到遏制，农牧业获得丰收。毛泽东主席对惠中权的成绩给予高度评价。同时，20 世纪 30 年代，靖边县杨桥畔的群众创造了引水拉沙、改造沙丘地为耕地；榆林县沙区群众采用"前拉后挡"风力拉沙、扩大滩地的办法。中国有组织地实施风沙防治工程和进行风沙工程学研究是始于 20 世纪 50 年代。中国的风沙防治工程从包兰铁路的防沙实践开始，并且为中国的沙漠科学研究奠定了基础。50 年代中期，修筑包兰铁路要穿越腾格里沙漠东南缘流沙区，为了铁路工程施工，在路基施工中，在线路两侧设置了一些高立式的栅栏，防止风沙流的侵袭，保证了施工的顺利进行。同时，机械固沙和植物固沙并举建设铁路两侧的固沙带。铁路固沙是一种保护沙漠路基不可缺少的措施。它与一般的农田防沙、工矿企业防沙有所不同。在沙漠地区修筑铁路，必须在路基两侧控制流沙移动。借鉴国外经验和反复试验，形成了"阻、固"结合的沙坡头铁路防沙工程系统。同时，为了深入研究风沙环境和防沙问题，中国科学院在沙坡头设立了沙漠科学观测研究站，这个站一直站在沙漠科学研究的前沿，今天已经发展成为国家生态网络系统中重要的基础站点。

　　腾格里沙漠东南边缘的包兰铁路沙坡头地段的防沙工程体系，在空间上由两个基本条带组成，一是设立在流沙迎风方向最前沿的、由高立式栅栏构成的阻沙区；二是设置半隐蔽式麦草 1m×1m 方格沙障和沙障内按一定密度配置栽植固沙植物，形成人工植被的防沙体系主体——固沙区。"阻""固"两个条带顺主风方向排列，在铁路的迎风侧形成一定范围的防护区域，构成了铁路防沙工程体系。这个防沙体系有特定功能目标，由不同单元、不同功能区有机组合而成，形成一个统一的整体，是人们依据风沙活动规律和植物生境条件建立的人工系统。作为人工系统的沙坡头铁路防沙工程体系从试验、设计以致后来的施工管理，都始终把防止铁路沙害作为系统的总目标，并在总目标的要求下，完善、优化系统的功能（刘恕，1980）。作为体系主要环节的固沙区，由于要求其功能稳定、可靠，因而结构较为复杂。因为在人工植被形成之后，才能使固沙带的效应得以完全发挥，维持持续的功能。所以，人工植被结构的完善具有特殊的重要性。沙坡头地区优化人工植被的结构是通过如下两方面的措施来调整的，一是改进人工植被的配置图式，变全面栽植为带状栽植；二是注重不同特点的根系植物相互适当搭配，利用其间分布特征可组合成谐和配置。

　　兰新铁路穿越腾格里沙漠段的防沙工程研究获得了"国家科学技术进步奖特等奖"。在沙坡头沙漠科学研究站建站 20 周年和 30 周年的时候，分别出版了《流沙治理研究》和《流沙治理研究（二）》，系统总结了流沙固定的经验；建站

50 年时，"以固为主、固阻结合"的流沙固定与铁路防护体系建设的理论与实践成果，不仅应用于沙区的治理、交通干线沙害防治和荒漠地区生态恢复与生态工程建设的实践，而且也应用到国防建设和世界文化遗产——敦煌莫高窟风沙危害防护体系中。流沙治理与生态恢复的成功模式得到了 UNEP、UNDP 和 FAO 等联合国机构的高度关注，并成功地推广到非洲荒漠化防治的实践中，50 多年的工作为我国沙漠科学和沙区长期生态学从无到有的发展奠定了基础（李新荣，2009）。沙坡头铁路风沙防治工程的成功，一方面鼓舞了各沙区治理沙害的信心，也成为一种样板，迅速在全国沙区推广。20 世纪 60 年代和 70 年代，相继建设的兰新铁路、京通铁路、北疆铁路、青藏铁路（西宁—格尔木段）采用了大体相同的固沙方法。

近年来，随着研究手段的不断改善，沙害防治研究范围已经拓展到道路、农田、村庄以及工矿设施等诸多领域，所用的研究方法有模拟实验、野外观测和数值模拟等。研究内容涉及草方格、栅栏以及防护林带等主要防沙措施的空气动力学原理（屈建军等，2009）。

为了加快沙漠腹地油气勘探的步伐，修筑一条常规车辆可以通行沙漠腹地的道路工程任务进入议事日程。1990 年 3 月，组织多学科、多专业的综合勘察队横穿塔克拉玛干沙漠，取得了沙漠腹地地貌、生物、水文地质、工程地质条件等第一手资料和感性认识的基础，经过多次分项论证和施工准备，1991 年组织了 2km 路段的 8 种路基路面和不同材料、不同宽度机械防沙工程试验。与此同时，国家把塔里木沙漠石油公路工程技术正式列入"八五"攻关计划，同年 10 月正式签订国家科技攻关合同书。公路防沙治沙作为攻关计划的重要课题，被摆到了突出位置。防沙工程设计人员参加了公路选线、沿线工程地质调查、定线测量和线路纵横断面设计等工作。

沙漠公路建设确立了"以科技为先导，以工程为依托"的方针。为了防沙工程的需要，研究了沿线起沙风与输沙强度、风沙危害的特征，着重研究了移动最快、对工程防沙体系危害最大的线形沙丘表面的气流特征和前移机制。结合计算分析，经过沙害调查，建立了全线沙害评估指标体系，完成了全线沙害强度段落区划。还在对沙漠公路沿线防沙危害特点、工程地质条件研究基础上，确定了"以机械防沙保证公路畅通为基础，生物固沙建立生态平衡为目标，化学固沙为辅助措施"的防沙治沙路线。"第一步建设阻沙栅栏、平铺草方格固沙的机械防沙体系，第二步试验生物固沙，保证公路长久安全通行"的"两步走"战略。1992 年，修筑了 30km 工业性试验路段，并继续开展通向塔中的全线公路建设工程。1995 年国庆节前夕通车民丰县恰安，与塔克拉玛干沙漠南缘的 315 国道接通,至此一条南北贯穿塔克拉玛干沙漠的沙漠公路建成。塔里木沙漠公路从轮南油田起算,全长 522km,其中穿越流动沙漠 446km,全线为沥青混凝土路面的准二级道路。塔里木沙漠公路的建设单位对防沙工程的时间要求是,在正常维护下,不出现重大沙害事故,安全行车 10 年。实际到 2006年,全线被植物防沙工程替代,塔里木沙漠公路初期建成的机械防沙体系维护了沙漠公路安全行车 10～14 年,达到或超过了设计指标。"塔里木沙漠公路技术研究"项目分别在 1996 年、1997 年获得中国石油天然气总公司科技特等奖、1995 年度获得"全国十大科技成就"奖、国家科学技术进步奖一等奖和"两委一部""八五"科技攻关优秀成果奖;并作为世界第一条长距离沙漠等级公路,2000 年被记入吉尼斯世界纪录。

　　Dong 等(2004a)对塔里木沙漠公路的防沙成就进行了比较全面的总结,认为塔里木沙漠公路防沙体系的成功之处在于各种防沙措施(包括芦苇方格沙障、高立式芦苇栅栏、高立式尼龙栅栏、化学固沙剂和人工植被等)的综合应用。塔克拉玛干沙漠开展生物防沙和绿化的预探性试验,最早可以追溯到1992 年。中国科学院原新疆生物土壤沙漠研究所在 2km 试验段机械防沙带内栽植梭梭、沙拐枣等固沙灌木苗,尝试极端环境下在沙漠公路营造防护林的可能性;同年,中国科学院原兰州沙漠研究所在沙漠腹地开展瓜果蔬菜种植,在有灌溉的条件下种植 17 种蔬菜瓜果获得成功;2km 试验路段栽植的灌木,在不浇水的情况下,也有个别苗木成活保留。它打破了沙漠腹地是"生命禁区"的固有观念,启发人们重新认识问题,这为在塔克拉玛干沙漠进一步扩大防沙绿化试验立项奠定了基础。1993 年 9 月,在中国石油天然气总公司科技局与塔里木石油勘探开发指挥部、中国科学院原兰州沙漠研究所和新疆生物土壤沙漠研究所签订了"塔里木沙漠腹地油田基地环境观测与防沙绿化试验研究"项目合同,经过一年的沙漠育种和小型绿地试验,11 月,沙漠研究所建起简易温室和在周围开辟"沙漠腹地防沙绿化试验研究基地",进行沙漠植物引种、栽培试验。1996 年 9 月,中国石油天然气总公司科技局、基建局、开发局在组织专家对先导试验进行验收鉴定之后,组织总公司"九五"重点科技项目"沙漠石油工程技术研究"项目论证会,把"沙漠公路生物防沙示范"和"沙漠油田基地防沙绿化技术研究"列为项目的重要课题。围绕生态林工程,项目组开展了塔里木沙漠公路生态林建设立地条件与立地类型的研究、塔里木盆地水文地质调查与沙漠公路沿线水资源分布状况研究、沙漠腹地太阳能取水与不同梯度高矿化地下水灌溉造林技术研究、沙漠公路防护林生态工程的稳定性研究和评价。还开展了尼龙网栅栏、尼龙网格状沙障、移动式压沙袋、HDPE 蜂窝式固沙障等固沙新材料的研制。

我国铁路、公路的防沙经验推广到世界文化遗产——敦煌莫高窟顶和海岸沙害防治中。例如，莫高窟窟顶戈壁防护带阻截和输导功能研究，提出在多风信条件下，沙砾质戈壁与鸣沙山进行着往复式的能量交换及物质运动，部分沙物质在砾石保护下形成阻沙。但一部分沙物质在跃移沙粒的激化下形成戈壁风沙流并对洞窟产生危害。戈壁风沙流是造成沙砾质戈壁从稳定向不稳定状态演化的主要动力因素；而上风向沙源的供给状况又是决定砾石床面阻沙和导沙的主要因素。基于此，戈壁防护带应首先控制来自鸣沙山的沙源，采取以阻断或减少外来沙源，通过固定和覆盖沙砾质戈壁地表以及增加下垫面粗糙度等，来造成一种既利于沙子堆积的条件、又能促进形成天然戈壁输沙场，从而为偏东风反向搬运创造一个适宜场。因此，如何因势利导，使窟顶流场与风沙地貌达到一种动力平衡，是莫高窟综合防护体系成功与否的关键之一。这与以往单风向或双风向条件下所探讨的防护体系效应有着本质的区别（王涛等，2004；王涛，2009）。

朱震达和王涛（1998）出版的《治沙工程学》是我国第一本把防沙治沙作为一门学科总结的专著。书中分别论述了治沙工程学的概念及基本研究任务、国际上防沙治沙的现状及典型经验、中国风沙环境的特征、治沙工程的风沙物理学基础，并分别讨论了植物治沙、工程治沙及治沙剂黏合治沙三大措施的原理与方法。在科学地总结群众治沙经验的基础上，提出中国治沙工程的模式，同时，对采取治沙工程后对环境可能产生的影响和预防措施也进行了论述。陈广庭（2004）编写的《沙害防治技术》介绍了风沙灾害产生的环境、危害方式和危害规律，并针对风沙运动和沙害成灾原理，阐述了生物治沙和工程治沙方法的技术措施和原理，力图解决在面临风沙灾害时应该怎么做和为什么要这样做的问题。最后还以部分实例总结了我国综合治沙工程体系建设和群众治理沙害和开发沙区土地的经验。

2001年8月31日第九届全国人民代表大会常务委员会第二十三次会议通过《中华人民共和国防沙治沙法》，使防沙治沙的工作以法律规范的形式为各级政府和全国人民提供行为准则。在这前后，国家先后出台了一些政策措施和实施了一些有关防沙治沙的重大工程措施，例如，"三北"防护林工程的持续开展、京津风沙源治理工程，尤其是20世纪末开始实施的"退耕还林还草工程"使北方沙漠化地区土地解脱了压力，断节的生态链条重新回归良性循环，使21世纪全国沙漠化的形势发生大逆转。

1.4.2　风沙危害防治措施

我国政府对风沙灾害一直高度重视，例如，1999~2008 年，时任国家领导人温家宝针对甘肃民勤地区的风蚀和风沙灾害问题就先后做了 12 次批示，其中"不能让民勤成为第二个罗布泊"和"要让我们这一代人看到民勤的变化"成为当地政府和民众的共同决心（郑晓静，2007）。研究荒漠化和沙漠化问题的学者，针对我国风沙灾害的现状和趋势以及相关的机理和防治开展了大量工作，我国的力学工作者也进行了许多理论研究工作（郑晓静和周又和，2003），还进行了卓有成效的风沙治理。在对风沙运动力学机理的研究方面，兰州大学风沙环境力学研究组从学科交叉的角度，结合科学前沿问题，对风沙运动中的若干力学问题展开了研究，大大提升了我国风沙运动研究的国际影响力。

风是空气流动的基本形式，风沙危害是风沙运动所导致的，贯穿于风沙运动的全过程。无论风蚀、风沙运动和风沙堆积过程中产生的沙害，都起源于风沙起动；如果沙粒不产生运动，也就谈不上风沙危害。因此，防止风沙进入运动状态，是风沙灾害防治的基础和根本。针对风沙流经常使用的方法原理有"阻、固、输、导、控"。

（1）"阻"是设置高立式沙障，阻断风沙流，为了既阻断风沙流，使风沙流所携带沙沉积，又不过度干扰风沙流在不产生湍流的情况下顺利通过，所设置的高立式沙障具有一定的透风性能。目前人们还没有找到使风沙流气固两相完全分离的"两全"方法，只能通过试验权衡出最佳的节点。林带也有高立式沙障的作用，由于其高度一般较大，可以起到防风（削弱风速）和阻断风沙流的作用。

（2）"固"即固定沙面使之不出现风蚀、不产生风沙流的方法。固沙方法有两种原理截然不同的方法：一种方法是加大地面粗糙度，降低贴地面风速，使之降低到起沙风速以下；另一种方法是固结沙面，隔离或使分散的单粒连体成对抗风蚀的不可蚀因子。常用的方法有平铺沙障、化学试剂喷涂。育草封沙方法也是极好的固沙方法。

（3）"输"与上述方法的原理相背，设法清理沙面障碍，人为地创造光滑的不积沙沙面环境，使风沙流在通过沙面时不产生湍流，顺利通过而不产生沉积。一是用隔离或喷涂的方法制造光滑的沙面环境；二是加大局部过境风速，使通过沙面的风沙流变为不饱和风沙流，顺利通过流沙沙面而不产生积沙。常用的措施有输沙断面、下导风压力板等。

（4）"导"是通过特殊的地形结构或设置异形高立式沙障，使风沙流发生转向进入积沙坑等，而不在受保护地点沉积的方法，如设置羽毛排、导向板等。

（5）"控"是已故铁道科学院西北分院工程治沙专家冯连昌先生在 20 世纪末提出的沙袋压沙脊、控制沙丘前移方法的治理沙害的原理。原理基础是沙丘前移总是通过沙脊线的摆动实现，控制了沙丘的摆动，也就控制了沙丘的前移。这一方法在青藏铁路西宁—格尔木段有所应用，在塔里木塔中公路曾进行试验方法原理有待继续探索。

科学技术的进步和生存发展的需要，使得人类获取资源并影响环境的空间范围不断扩大，处于极端干旱环境的沙漠，早已成为资源开发的热点地区，随之而来的地表疏松沙质沉积被风力吹蚀、搬运和再堆积过程导致的风沙危害问题日益严峻。风沙危害防治研究也称为治沙工程学（朱震达和王涛，1998），是以物理力学观点研究风沙运动及其动力过程（刘贤万，1995）、风沙危害的形成机制，探索减少风沙流输沙量、削弱近地表风速、延缓或阻止沙丘前移，防治风沙危害的有效措施及其防治原理（朱震达和王涛，1998）。长期以来，以风沙危害物理过程及其防治技术为对象的风沙工程学研究，一直作为沙漠化及其治理研究的主要内容。风沙运动是一种近地大气层的表面运动现象和物理过程，它能够在风洞实验条件下重演。这就为风沙问题的研究提供了实验设备，使风沙运动研究进入一个崭新的历史时期。在风洞中模拟各种风沙现象及其运动规律的研究是从沙粒在气流中运动形式开始的。1967 年建成的我国第一个风沙环境风洞为风沙运动和防沙原理的试验研究提供了基础条件（贺大良和凌裕泉，1981；贺大良和刘贤万，1983；王涛，2009）。通过风洞实验研究，对各种类型的典型风沙工程，如草方格和黏土沙障工程，栅栏、林带和林网工程，下导风工程，羽毛排工程，输沙桥工程，输导沙断面工程等进行较深入的剖析，以求为各类工程的作用性质有较深刻的认识，便于在防治实践中得到较好的应用（刘贤万等，1982，1983；刘贤万，1995；吴正，2003）。刘贤万（1995）总结多年来沙漠环境风洞的实验研究成果，编著了《实验风沙物理与风沙工程学》，书中对各种防风固沙措施的作用原理有深入的认识，对风沙流、风沙工程和局地条件三个要素之间的相互依存和相互作用过程有深入的透析。书中阐述了各种固沙方法的力学原理，将已有防治风沙危害的工程措施，按其用途分为封（闭）、固（定）、阻（滞）、输（导）、改（向）、消（散）6 类，并按力学作用原理分为隔断、抑制、增阻、减阻、转向、消形等 6 种工程措施。我们日常所见的工程治沙措施，很少采用单一的措施原理，往往是以一种措施为主，综合运用几种工程措施。所以，在设计时也以综合考虑为好。

风沙危害防治措施主要分为生物工程和非生物工程两种。

1. 风沙危害防治的主要工程措施与防治机理

工程治沙俗称机械固沙，也即物理固沙。是利用风沙的物理特性，通过设置工程来防治风沙流的危害和沙丘前移压埋。工程措施的基本途径在于：①制止沙粒起动；②抑制地表风蚀；③加速风沙流运动；④强制风沙流沉积；⑤转变风沙流运动方向，变沙丘的整体运动为风沙流的分散运动等。

工程治沙从工程的力学作用原理去区分，可以归纳为：①阻断气固两相物体在界面上的接触，抑制流动气体与沙质表面在界面上的相互作用；②加强沙体的凝聚力和整体抗风蚀能力；③增大或减少与克服风沙流体运动的沿程或局部阻力；④降低和消除沙丘在推进过程中的各种阻力或引导风沙流体改向堆积。过去所谓化学固沙方法是通过对流沙喷洒黏合剂，使流沙表面固结，提高沙体表面的抗风蚀性能，以免除风对地面的侵蚀。

工程防沙，从其作用原理和功能来划分，一般有固沙措施、阻沙措施和输导措施3种。固沙措施主要是阻滞气固两相在床面上的相互作用，固定活动床面；阻沙措施，增大风沙流运动的阻力，促使其减速沉降，阻滞和拦截过境风沙流；输导措施，减少风沙流运动的阻力，防止分离的发生，或人为地改变携沙气流的运动方向，促进和加速风沙流顺利通过保护区（刘贤万，1995）。

固沙措施是指采用物理（或机械）、化学和植物方法，以部分覆盖和全面覆盖流沙表面，以达到减轻沙害程度和稳定流沙表面的目的。其中物理方法不会明显改变风沙流的性质，主要采用条带状与网格状的草质沙障，同时还有采用黏土、卵石为材料的黏土方格和卵石方格，以及平铺式的芦苇和尼龙网格状沙障；或者采用乳化沥青、高分子聚合物以及水玻璃等黏合材料喷洒于流沙表面形成一定厚度的保护层；固沙措施最为常见的方法是采用由麦草、芦苇和作物的秸秆扎设的草方格沙障和黏土沙障两种，尤以前者更为普遍。但是近年来，随着造纸业的发展，麦草、芦苇获取已十分困难，且随着农业现代化，机收机打和秸秆还田使麦草长度不能满足防风固沙的尺寸要求。特别对沙障材料相对匮乏的地区如青藏铁路沿线，传统的草方格固沙措施很难推广应用，因此，选用新材料新技术替代传统的秸秆沙障已经成为防沙治沙中亟待解决的重要问题。目前许多学者对沙障的研究重点放在沙障材料的选用上，尼龙网作为一种新的防沙材料，具有耐老化、造价相对低廉、可工业化生产及便于施工等特点，近十几年来先后在塔克拉玛干沙漠公路、青藏铁路等重大工程中得到广泛应用（王训明等，2001）。采用先进的 HDPE 新材料制成蜂巢式固沙障来替代传统的草方格同样可以使流沙表面得以稳定，且此材料具有无污染、耐老化、成本低、可重复使用和便于施工等优点，具有很大的应用价值和推广前景（屈建军等，2008）。另外，原材料丰富、价格低廉、设置形式灵活多样的棉秆沙障以其独有的特性，可作为干旱区工程治沙措施的有力补充（马瑞等，2010）。

阻沙措施，是目前国内外半干旱、半湿润沙区普遍采用的固沙造林先行措施和干旱、极干旱沙区独有的防沙措施。特别是在一些风沙灾害比较严重和生态环境极其脆弱的地区，如工矿、交通沿线、国防等地，由于受水分、光照、土壤肥力等生态因子的限制，生物防沙措施难以实施，而且不能很快形成防护体系，作为先行措施的阻沙栅栏得到广泛应用。利用栅栏阻沙在国外早已很普遍了，而且其结构形式也多种多样。在国内阻沙栅栏除用于铁路、公路防护体系的建设外，还成功地运用于生态脆弱区、国防基地和文物单位的保护。近几十年来，国内外对栅栏在防治风沙灾害中的作用已进行了大量研究，并取得了一些实质性进展（Bofah and Al-Hinai，1986；Judd et al.，1996；Lee et al.，2002）。

1）格状沙障

关于草方格沙障与风沙流相互作用的物理—力学特征，凌裕泉（1980）、朱俊凤等（1999）和常兆丰等（2000）学者进行过研究。假设障内沙面为一段圆弧，沙面最高点处圆的弦切角为干沙的休止角，进而从理论上得出草方格沙障内最大风蚀深度与方格边长之间的解析关系。王振亭和郑晓静（2002）针对草方格沙障内部有涡流存在的特点，在引入适当假设的基础上，提出一个单排理想涡列模型，利用流体力学方法，计算了沙障不同草头高度所对应的最大间距。塔克拉玛干沙漠公路防沙体系中新设置的芦苇方格沙障高度与上述计算结果基本吻合。韩致文等（2004）对 2.5m×2.5m、5m×5m 和 10m×10m 三种立式格状沙障防沙机理与效果进行了风洞模拟实验，在一定实验风速下，通过测定各实验对象的流场和蚀积状况发现，格状沙障前沿流速逐渐增大，最大值出现于迎风第一格上空，而后逐渐阻滞减速，至 15～20m 处趋于稳定，区内积沙均匀。董智（2004）、董智等（2004a，2004b）和李红丽等（2004）开展了土壤凝结剂格状沙障、土工格栅格状沙障的防风固沙原理及流沙控制试验，比较筛选了不同方格大小对防风固沙的影响。董智等（2006）对腾格里和库布齐沙漠公路不同固沙材料的方格沙障措施与人工林的防风固沙作用和运行成本进行综合比较证实，受沙障材料、设置规格、使用寿命的影响，沙柳和柴草方格沙障成本低，但易损毁，土工材料和土壤凝结剂方格沙障寿命长，但运行成本较高，人工植被运行成本最高，实践中宜因地制宜采取不同材料的固沙措施，以确保建设材料、使用寿命、防风固沙效益。格状沙障具有增大地表粗糙度、减弱低层风速、改变沙粒搬运形式和降低搬运能力等作用。其固沙原理主要是风沙流过沙障时，在露出沙面障体的阻滞作用下形成沙埂，并在中心部位对沙面进行风蚀。经过充分的蚀积作用，最后沙粒分选作用达到最佳状态而逐步形成较为光滑而稳定的凹曲面，由这些凹曲面组成的有规则的波纹状下垫面，起着一种小型浅槽的升力作用，使过境风沙流可以顺利通过。

2）阻沙栅栏

阻沙栅栏是目前半湿润沙区普遍采用的固沙造林先行措施和极端干旱沙区关键的防沙措施。在沙漠公路、铁路、文物古迹等沙害防治中起到不可替代的作用，如塔克拉玛干沙漠公路尼龙网和芦苇阻沙栅栏、包兰铁路柳条树枝阻沙栅栏、敦煌莫高窟"A"字形阻沙栅栏已成为成功治理沙害的典范。目前，国内外学者的阻沙栅栏研究方面取得了诸多成果，主要表现在以下 3 个方面：①确定了栅栏流场结构，并根据涡流大小和能量强弱进行功能分区；②提示了栅栏尾流区的风速特征和湍流强度；③探讨了风向、剪切力、孔隙度等关键参数与有效防护距离之间的关系。本节主要利用风洞实验并结合野外实地观测资料，探讨阻沙栅栏的防护机理及其效益。

3）覆网措施

风沙活动是运动气流与沙质床面相互作用的动力过程。其中，气流是动力条件；沙粒是物质基础；床面是气流与沙粒相互作用的界面，也是风沙运动的转换条件。在风沙防治中，主要有三种途径：一是降低床面风速；二是减少沙源；三是阻隔运动气流与床面的相互作用。覆盖床面就是采用第三种途径，而且覆盖类型和材料也多种多样。其中，研究较多的是采用植被覆盖对风蚀地表土壤的保护，人们对此也形成比较统一的认识，认为植物覆盖是降低土壤风蚀的有效措施（Buckley，1987；Higgitt，1993）。近年来，国内外在植物覆盖保护效应研究上也取得了显著成就（Lee，2002；Wolfe and Nickling，1996）。仅从防止土壤风蚀和增加地表的抗蚀性来讲，植被覆盖无疑是一非常理想的措施。但在一些干旱或半干旱地区，由于受气候、地表状况等众多因素影响，植被覆盖很难达到防护的目的（董治宝等，2000）。为了满足防护要求，不得不寻求其他替代性材料，譬如采用砾石、黏土覆盖等。

4）砾石铺压

不同特性戈壁床面的风沙流结构及床面蚀积沙量的变化一直是风沙工程与风沙地貌研究的薄弱环节，特别是在防沙治沙工程技术研究中，人们只能通过改变下垫面性质、削弱近地面风速或者增加地表抗风蚀能力，抑制风沙流的产生与发展，减弱近地表风蚀。

5）喷洒固沙剂措施

通过喷洒人工合成或天然的黏合剂，在流沙表面形成一层具有一定强度的刚性壳层、柔性固结层或弹性固结层，使沙丘表面形成保护层，隔绝气流与松散沙层的直接作用，达到防治沙害的目的，这种方法曾被称为化学固沙，并与机械固沙、生物固沙并列为三大固沙方法。因喷洒的黏合剂只是渗透在沙粒空隙中，并未与沙漠之间产生化学反应，因此，陈广庭（2004）将这种治沙方法称为黏合剂固沙，与覆盖物封闭固沙一起，归并在工程固沙措施之中。固沙剂一般都具有黏结性和渗透性，而沙粒之间存在约 $8\mu m$ 的微小通道，当固沙液喷至流沙表面，流滴渗入沙体，除与沙粒以简单黏结作用胶结外，还存在固沙剂颗粒的电性或功能团与沙粒之间产生电荷作用、分子内力作用等复杂过程，形成连续或非连续网状结构，将沙粒黏合在一起，使流沙表面形成一定厚度的结皮。

2. 风沙危害防治的主要生物措施与防治机理

国内外的长期实践证明，植物治沙或称生物治沙，是目前最简便易行、经济有效、可持续发展的一种固定流沙、阻截风沙危害、防止土地沙漠化的防沙治沙措施。它不仅可以有效覆盖地表，降低风速，减少风沙危害，促进流沙的成土过程和区域生物多样性的发展，还可以改善农田小气候，提高作物产量，并为当地农牧民提供薪柴、饲草、饲料和建筑材料等，也避免了喷洒固沙剂和部分机械固沙对环境造成的污染（朱震达和王涛，1998）。因此，生物治沙作为我国防沙治沙最主要的措施之一，无论是在国家组织的大规模治沙造林工程中，还是沙区广大农牧民自己实施的保护林草、植树造林活动中，都得到了广泛应用，在我国沙漠治理和沙漠化防治过程中发挥了重要作用（夏训诚等，1991）。

从风沙物理学角度，植物防沙的根本原理是干扰大气与地表的相互作用，降低风力作用的有效性。风沙活动是大气圈（空气）与土壤圈（岩石圈）之间能量传输和转化的产物，地表风蚀是风沙活动的首要环节。任何影响上述过程的因素都将影响风沙活动的形成与发展。植物作为地理环境的重要组成部分，着生于大气圈与土壤圈之间，强烈地影响着大气圈与土壤圈之间的能量转换与传递，因而是影响地表风蚀最活跃的因素之一。植物的防沙作用表现在三方面：①覆盖地表使被覆盖部分免受风力作用。②加大地面粗糙度，分散地面上一定高度内的风动量,从而减弱到达地面的风力作用。③拦截运动沙粒,促其沉积。植物层的存在加大了地表空气动力学粗糙度和近地面层的风力梯度,减小了土壤风蚀率。

1)天然荒漠林

在我国西北干旱地区,年降水量多在 100～200mm,部分地区的年降水量甚至低于 50mm。虽然这些地区并不属于森林气候带,但由于受到季节性洪水、地下潜水的作用,以及流沙储水功能的影响,仍然分布着大量天然林,如天然荒漠河岸林、荒漠梭梭林以及柽柳、白刺沙堆等。这些天然荒漠林对于保育荒漠地区的生物多样性、保护沙区的生态环境、维护地区的生态平衡发挥着重要作用(刘光宗等,1995),对沙漠地区的风沙防治起着重要的屏障作用,成为荒漠地区风沙防治的重要防线。但是,近 1 个世纪以来,随着沙区人口的增加和区域人类经济活动的增强,荒漠天然林在人类活动的强烈干扰下受到严重破坏,不仅面积缩小,而且大多数林分处于衰退状态(慈龙骏,2005)。因此,天然荒漠林的保护正日益受到各方面的关注。封沙育林育草,恢复天然荒漠林是防沙治沙的重要途径。

2)绿洲防风阻沙林带

绿洲防护林体系是由绿洲防风阻沙林、绿洲农田防护林、绿洲道路和渠系防护林等多种防护林带交织构成的绿洲防护林网体系。其中,绿洲防风阻沙林带和绿洲农田防护林带构成了绿洲防护林体系的主体,在绿洲防护林体系中占据着最重要的作用。绿洲防风阻沙林带是指绿洲外围用于防治风沙侵害绿洲的防护林带,也包括林带外围用于保护防护林带的固沙带,如封沙育草带、工程固沙带等。绿洲防风阻沙林带作为绿洲最外围的一道生物屏障,对于保护绿洲免受来自沙漠、戈壁、碱滩、草地的风沙危害、流沙侵袭和沙尘暴灾害发挥着重要作用。

绿洲防风阻沙林带有三个主要作用。一是绿洲防风阻沙林带最主要的作用是防风作用。来自绿洲外部的气流,经过绿洲防风阻沙林带时,风速会明显下降,使进入绿洲内部的风力明显减弱,从而保证绿洲内部的村镇、农舍、农田等免受大风侵袭。绿洲防风阻沙林的防风机制,主要是林带可以改变来自荒漠气流的流向和结构,削弱风的动能。二是绿洲防风阻沙林带有阻沙滞尘作用,包括阻止流动沙丘对绿洲的侵入和滞留风沙流携带的沙尘。流动沙丘对绿洲的侵入主要发生于上风向边缘存在流动沙漠的绿洲,其流沙向绿洲的移动,无论是快速移动,还是缓慢移动,都会逐步蚕食绿洲的土地,对绿洲造成严重威胁。而处于绿洲边缘的防风阻沙林带,通过提高地面粗糙度,降低风速和输沙率，稳定沙面，起到阻隔流沙，抑制流沙前移的速度，阻挡流沙对绿洲的侵入。三是绿洲防风阻沙林带可以改变林带内和林带内缘的小气候，起到改善生态环境、促进作物生长的作用（陈炳浩等，2003）。

3）封沙育草

封沙育草是指通过围栏封育或保护管理等措施，对流动、半流动或退化沙地植被加以封禁，通过几年或若干年的禁止放牧、樵采、开垦等，促使沙地植物自然生长和繁育，逐步得到恢复的一项治沙措施，也是我国半干旱风沙区应用范围最广的一项经济实用、效果明显的退化植被恢复重建的技术措施。在我国半干旱风沙区，封沙育草是应用最普遍的一项治沙措施。它只是通过对退化植被或流动、半流动沙地进行简单的围封或封禁，禁止放牧、樵采等人类活动的干扰，就可使退化植被在较短时间内得到较好恢复，流动、半流动沙地逐步恢复，不仅方法简单易行，而且投资少，效果明显，因而在我国沙区得到了广泛应用。实践表明，封沙育草对于促进沙地退化植被的恢复、流沙固定和减少风沙活动都具有明显作用。

在半干旱风沙区，虽然气候干旱，但 200mm 以上的年降水量对沙地植物的生长繁衍限制性小，尤其是降雨主要集中于生长季，对植物的恢复生长极为有利。另外，沙地土壤比较疏松，透气性强，如有适当的降水，对植物侵入定居也非常有利。而许多沙地植物，如差不嘎蒿、白刺等，可进行萌蘖或根茎繁殖，具有繁殖力强、恢复快的特点，一旦遇有环境条件改善，或遇到休养生息的机会，就会适时迅速恢复和蔓延。

1.5 乌兰布和沙漠防沙与入黄风沙研究进展

黄河上游宁蒙河段先后经过腾格里沙漠、河东沙地、乌兰布和沙漠、库布齐沙漠等风沙地貌区，全长 1080km，流域内有沙漠沙地面积约 7.89 万 km²。该区域年均降水量 150～200mm，其干旱少雨，大风频繁，两岸的风沙活动强烈，局部地段沙丘密集高大，整体倾泻进入河道。风沙堆积在河道内，使河床淤积、河道发生分流、迁徙、萎缩、决口改道等自然灾害，严重降低河床的行洪和行凌能力，致使该河段成为黄河上游 3457km 河段中水沙变化最复杂、河道演变最剧烈的关键河段。黄河上游宁蒙河段在沙漠与黄河的耦合系统中，黄河作为风沙传输的边界存在，由于其自然地理位置的特殊性，风积沙成为该河段黄河泥沙的主要来源，且该区域进入河道的风积沙粒径大于 0.05mm 的含量达

91.2%～96.7%，属于典型的粗砂来源区。20 世纪 80 年代黄土高原综合考察时，杨根生对宁蒙河段的入黄风积沙量进行了调查研究，研究认为黄河上游河道淤积主要集中在宁蒙段，主要来源于乌兰布和沙漠大于 0.1mm 的粗砂，其入黄风积沙量为 1900 万 t/a（中国科学院黄土高原综合科学考察队，1991），2003 年杨根生的研究认为入黄风积沙量为 2800 万 t/a。综上所述，因对黄河沿岸的环境变迁以及对风沙输移规律的系统研究不够，致使人们对风沙入黄的机理和量值存在较大的分歧和争议，导致相关的治理方案和措施难以定夺。

　　黄河入黄风成沙形式有三种：风沙流直接吹入黄河，沙丘移动和流水侵蚀沙丘坍塌（杨根生，2002）。黄河乌兰布和沙漠段主要是以沙丘移动形式直接进入黄河河道和风沙流直接吹入黄河形式为主，沙丘直接入侵河道段约 50km。风沙直接向黄河倾泻，成为黄河粗砂（＞0.1mm）的重要策源地，致使黄河乌兰布和沙漠段泥沙含量显著增加（何京丽等，2011）。风成沙进入黄河，在黄河河道形成淤积，1954～2000 年黄河内蒙古段的淤积泥沙总量约 20.11 亿 t，其中大于 0.1mm 的粗砂为 15.57 亿 t，占总量的 77.424%；其中乌兰布和沙漠段风成沙入黄淤积量为 6.06 亿 t（杨根生等，2003）。可见，开展入黄风沙的研究有着重要的实践意义。针对入黄风沙问题的严重性，水利部牧区水利科学研究所、黄河水利科学研究院、巴彦淖尔市水土保持站、磴口县水务局从 2010 年开始建立入黄风沙观测站，经过多年的长序列、实时、动态的监测研究，目前基本摸清了该区域入黄风沙的途径、过程及其入黄量，可为黄河上游的水沙调控和两岸入黄风沙的科学治理提供科学依据。

参 考 文 献

常兆丰，仲生年，韩福桂，等. 2000. 黏土沙障及麦草沙障合理间距的调查研究[J]. 中国沙漠，20（4）：455-457.

陈炳浩，郝玉光，陈永富. 2003. 乌兰布和沙区区域性防护林体系气候生态效益评价的研究[J]. 林业科学研究，16（1）：63-68.

陈广庭. 2004.沙害防治技术[M]. 北京：化学工业出版社.

慈龙骏. 2005. 中国的荒漠化及其防治[M]. 高等教育出版社.

丛殿阁，庞红丽，方苗，等. 2014. 基于 DEM 和 ETM 的腾格里沙漠北缘沙丘形态特征提取[J]. 中国矿业，23（S2）：153-159.

崔徐甲，董治宝，逯军峰，等. 2014. 巴丹吉林沙漠高大沙山区植被特征与地貌形态的关系[J]. 水土保持通报，34（5）：278-283.

董飞, 刘大有, 贺大良. 1995. 风沙运动的研究进展和发展趋势[J]. 力学进展, (3): 368-391.

董玉祥. 2001. 海岸风沙运动观测与模拟的研究与进展[J]. 干旱区资源与环境, 15 (2): 60-66.

董治宝. 2005. 中国风沙物理研究五十年 (Ⅰ) [J]. 中国沙漠, 25 (3): 293-305.

董治宝, Fryrear D W, 高尚玉. 2000. 直立植物防沙措施粗糙特征的模拟实验[J]. 中国沙漠, 20 (3): 260-263.

董治宝, 屈建军, 卢琦, 等. 2008. 关于库姆塔格沙漠 "羽毛状" 风沙地貌的讨论[J]. 中国沙漠, (6): 1005-1010, 1214.

董智. 2004. 乌兰布和沙漠绿洲农田沙害及其控制机理研究[D]. 北京: 北京林业大学学位论文.

董智, 李红丽, 胡春元, 等. 2006. 沙漠公路不同固沙措施防风固沙效益和成本比较研究[J]. 水土保持研究, (2): 128-130.

董智, 李红丽, 左合君, 等. 2004a. 土壤凝结剂沙障防风固沙实验研究[J]. 中国水土保持科学, 2 (2): 45-49.

董智, 李红丽, 左合君, 等. 2004b. 土壤凝结剂沙障防沙机理的风洞模拟实验研究[J]. 干旱区资源与环境, 18 (3): 154.

高君亮, 高永, 罗凤敏, 等. 2014. 表土粒度特征对风蚀荒漠化的响应[J]. 科技导报, 32 (25): 20-25.

高君亮, 高永, 虞毅, 等. 2011. 基于数字图像处理技术的风蚀地表颗粒提取[J]. 水土保持通报, 31 (6): 139-142.

哈斯. 1995. 腾格里沙漠东南缘沙丘形态示量特征及其影响因素[J]. 中国沙漠, (2): 136-142.

韩致文, 王涛, 董治宝, 等. 2004. 风沙危害防治的主要工程措施及其机理[J]. 地理科学进展, (1): 13-21.

何京丽, 张三红, 崔崴, 等. 2011. 黄河内蒙古段乌兰布和沙漠入黄风积沙监测研究[J]. 中国水利, (10): 46-48.

贺大良, 凌裕泉. 1981. 风沙现象研究的重要设备——沙风洞[J]. 中国沙漠, 1 (1): 49-51.

贺大良, 刘贤万. 1983. 风洞实验方法在沙漠学研究中的应用[J]. 地理研究, (4): 99-107.

贺晶, 吴新宏, 杨婷婷, 等. 2015. 浑善达克沙地植被生长季流沙地及其接壤草地的沙物质粒径组成[J]. 干旱区资源与环境, 29 (1): 95-99.

黄宁, 郑晓静. 2007. 风沙运动力学机理研究的历史、进展与趋势[J]. 力学与实践, (4): 9-16.

蒋缠文, 董治宝, 文青. 2013. 基于 MATLAB 平台的遥感影像沙丘脊线提取与地貌格局表征参数计算[J]. 中国沙漠, 33 (6): 1636-1642.

景可. 2005. 中国土壤侵蚀与环境[M]. 北京: 科学出版社.

李红丽, 董智, 孙保平, 等. 2004. 土壤凝结剂沙障固沙机理及流沙控制的研究[J]. 水土保持学报, 18 (4): 7-11.

李继彦, 董治宝. 2015. 金星风沙地貌研究进展[J]. 干旱区资源与环境, 29 (12): 139-143.

李鸣岗. 1980. 腾格里沙漠沙坡头地区流沙治理研究[M]. 银川: 宁夏人民出版社.

李新荣. 2009. 中国寒区旱区环境与工程科学 50 年[M]. 北京: 科学出版社.

李振山，倪晋仁. 2003. 风成沙纹发育过程中形态变化的风洞实验研究[J]. 应用基础与工程科学学报，11（3）：247-254.

凌裕泉. 1980. 草方格沙障的防护效益——流沙治理研究[M]. 银川：宁夏人民出版社.

刘光宗，周彬，宁虎森. 1995. 新疆荒漠林生态类型特征及更新复壮技术[J]. 新疆农业科学，（3）：129-132.

刘恕. 1980. 腾格里沙漠沙坡头地区流沙治理研究[M]. 银川：宁夏人民出版社.

刘陶，杨小平，董巨峰，等. 2010. 巴丹吉林沙漠沙丘形态与风动力关系的初步研究[J]. 中国沙漠，30（6）：1285-1291.

刘贤万，凌裕泉，贺大良，等. 1982. 下导风工程的风洞实验研究——[1]平面上的实验[J]. 中国沙漠，2（4）：14-21.

刘贤万，凌裕泉，贺大良，等. 1983. 下导风工程的风洞实验研究——[2]工程地形条件下的实验[J]. 中国沙漠，3（3）：25-34.

刘贤万. 1995. 实验风沙物理与风沙工程学[M]. 北京：科学出版社.

刘小平，董治宝. 2002. 湿沙的风蚀起动风速实验研究[J]. 水土保持通报，22（2）：1-4，61.

马瑞，王继和，屈建军，等. 2010. 不同结构类型棉秆沙障防风固沙效应研究[J]. 水土保持学报，24（2）：48-51.

倪晋仁，吴世亮，李振山. 2003. 风沙流中颗粒运动参数的分布特征[J]. 泥沙研究，（4）：8-13.

钱广强，董治宝，罗万银，等. 2011. 巴丹吉林沙漠地表沉积物粒度特征及区域差异[J]. 中国沙漠，31（6）：1357-1364.

屈建军，常学礼，董光荣，等. 2003. 巴丹吉林沙漠高大沙山典型区风沙地貌的分形特性[J]. 中国沙漠，23（4）：361-365.

屈建军，井哲帆，张克存，等. 2008. HDPE 蜂巢式固沙障研制与防沙效应实验研究[J]. 中国沙漠，28（4）：599-604.

屈建军，凌裕泉，陈广庭. 2009. 中国寒区旱区环境与工程科学 50 年[M]. 北京：科学出版社.

屈建军，刘贤万，雷加强，等. 2001. 尼龙网栅栏防沙效应的风洞模拟实验[J]. 中国沙漠，21（3）：62-66.

苏里坦，宋郁东，陶辉. 2008. 不同风沙土壤颗粒的分形特征[J]. 土壤通报，39（2）：244-248.

王淮亮. 2013. 基于数字图像处理的风蚀地表颗粒特征研究[D]. 呼和浩特：内蒙古农业大学学位论文.

王莉萍. 2013. 基于地貌学原理的巴丹吉林沙漠金字塔沙丘形态和形成过程的研究[D]. 西安：陕西师范大学.

王涛. 2011. 中国风沙防治工程[M]. 北京：科学出版社.

王涛. 2009. 中国沙漠与沙漠化 50 年//中国寒区旱区环境与工程科学 50 年[M]. 北京：科学出版社.

王涛，赵哈林. 2005. 中国沙漠科学的五十年[J]. 中国沙漠，25（2）：3-23.

王涛, 张伟民, 汪万福, 等. 2004. 莫高窟窟顶戈壁防护带阻截和输导功能研究[J]. 中国沙漠, 24 (2): 75-78.

王训明, 董治宝, 陈广庭. 2001. 塔克拉玛干沙漠中部部分地区风沙环境特征[J]. 中国沙漠, 21 (1): 59-64.

王训明, 董治宝, 屈建军. 2002. 塔克拉玛干沙漠简单横向沙丘形态学示量特征[J]. 兰州大学学报, 38 (6): 110-116.

王训明, 董治宝, 赵爱国. 2004. 简单横向沙丘表面物质组成、气流分布及其在动力学过程中的意义[J]. 干旱区资源与环境, 18 (4): 29-33.

王振亭, 郑晓静. 2002. 草方格沙障尺寸分析的简单模型[J]. 中国沙漠, 22 (3): 229-232.

吴正. 2003. 风沙地貌与治沙工程学[M]. 北京: 科学出版社.

吴正. 2009. 中国沙漠与治理研究 50 年[J]. 干旱区研究, 26 (1): 1-7.

夏训诚, 李荣舜, 周兴佳. 1991. 新疆沙漠化与风沙灾害[M]. 北京: 科学出版社.

邢茂, 郭烈锦. 2004. 风沙稳定输运中起跳沙粒运动状态分布函数[J]. 工程热物理学报, 25 (3): 448-450.

杨根生. 2002. 中国北方沙漠化地区在历史上曾是"水草丰美"或"林桑翳野"之地[J]. 中国沙漠, 22 (5): 36-38.

杨根生, 拓万全, 戴丰年, 等. 2003. 风沙对黄河内蒙古河段河道泥沙淤积的影响[J]. 中国沙漠, 23 (2): 54-61.

于翔, 宋家驹, 刘连君. 2007. 利用 Adobe Photoshop 对悬沙颗粒图像预处理[J]. 海洋技术, (4): 23-26.

曾雅娟. 2008. 基于 DEM 的伊犁塔克尔莫乎尔沙漠抛物线沙丘形态及其成因研究[D]. 乌鲁木齐: 新疆师范大学学位论文.

张春来, 邹学勇, 董光荣, 等. 2002. 干草原地区土壤 ^{137}Cs 沉积特征[J]. 科学通报, 47 (3): 221-225.

张正偲, 董治宝. 2012. 土壤风蚀对表层土壤粒度特征的影响[J]. 干旱区资源与环境, 26 (12): 86-89.

张正偲, 董治宝. 2014. 风沙地貌形态动力学研究进展[J]. 地球科学进展, 29 (6): 734-747.

张正偲, 董治宝. 2015. 横向沙丘表面气流湍流特征野外观测[J]. 地理科学, 35 (5): 652-657.

赵文智, 刘志民, 程国栋. 2002. 土地沙质荒漠化过程的土壤分形特征[J]. 土壤学报, 39 (6): 877-881.

赵玉峰, 周又和. 2007. 沙粒图像中沙粒粒径的检测与识别[J]. 兰州大学学报 (自然科学版), 43 (1): 41-45.

郑晓静. 2007. 风沙运动的力学机理研究[J]. 科技导报, 25 (14): 22-27.

郑晓静, 周又和. 2003. 风沙运动研究中的若干关键力学问题[J]. 力学与实践, 25 (2): 1-6, 11.

中国科学院黄土高原综合科学考察队. 1991. 黄土高原地区北部风沙区土地沙漠化综合治理[M]. 科学出版社.

朱俊凤，朱震达，等. 1999. 中国沙漠化防治[M]. 北京：中国林业出版社.

朱震达，王涛. 1998. 治沙工程学[M]. 北京：中国环境科学出版社.

邹学勇，郝青振，张春来，等. 1999. 风沙流中跃移沙粒轨迹参数分析[J]. 科学通报，44（10）：3-5.

Alfaro S C. 2008. Influence of soil texture on the binding energies of fine mineral dust particles potentially released by wind erosion[J]. Geomorphology, 93（3-4）：157-167.

Anderson R S. 1988. Simulation of Eolian saltation[J]. Science, 241（4867）：820-823.

Bagnold R A. 1941. The Physics of Blown Sand and Desert Dunes[M]. London：Chapman and Hall.

Bofah K K, Al-Hinai K G. 1986. Field tests of porous fences in the regime of sand-laden wind[J]. Journal of Wind Engineering&Industrial Aerodynamics, 23：309-319.

Buckley R. 1987. The effect of sparse vegetation on the transport of dune sand by wind[J]. Nature, 325（6103）：426-428.

Chepil W S. 1942. Measurement of Wind Erosiveness of Soils by Dry Sieving Procedure[J]. Scientific Agriculture, 23：154-160.

Dong Z B, Chen G T, He X D, et al. 2004a. Controlling blown sand along the highway crossing the Taklimakan Desert[J]. Journal of Arid Environments, 57（3）：329-344.

Dong Z B, Wang T, Wang X M. 2004b. Geomorphology of the megadunes in the Badain Jaran Desert[J]. Geomorphology, 60（1/2）：191-203.

Etyemezian V, Nikolich G, Nickling W, et al. 2017. Analysis of an optical gate device for measuring aeolian sand movement[J]. Aeolian Research, 24：65-79.

Ewing R C, Kocurek G. 2010. Aeolian dune-field pattern boundary conditions[J]. Geomorphology, 114（3）：175-187.

Field J P, Breshears D D, Whicker J J. 2009. Toward a more holistic perspective of soil erosion：why aeolian research needs to explicitly consider fluvial processes and interactions [J]. Aeolian Research, 1（1-2）：9-17.

Goudie A S. 2014. Desert dust and human health disorders[J]. Environ Int, 63, 101-113.

Higgitt D. 1993. Soil erosion and soil problems[J]. Progress in Physical Geography, 17（4）：461-472.

Itzhak K, Tov E, Andrew F, et al. 2016. Modeling of particulate matter transport in atmospheric boundary layer following dust emission from source areas[J]. Aeolian Research, 20：147-156.

Judd M J, Raupach M R, Finnigan J J. 1996. A wind tunnel study of turbulent flow around single and multiple windbreaks, part I：Velocity fields[J]. Boundary-Layer Meteorology, 80（1）：127-165.

Lancaster N. 1985. Winds and sand movements in the Namib Sand Sea[J]. Earth Surface Processes and Landforms., 10（6）：607-619.

Lancaster N, Greeley R, Christensen P R. 1987. Dunes of the Gran Desierto Sand-Sea, Sonora, Mexico[J]. Earth Surface Processes and Landforms, 12（3）：277-288.

Lee S J, Park K C, Park C W. 2002. Wind tunnel observations about the shelter effect of porous fences on the sand particle movements[J]. Atmospheric Environment, 36 (9): 1453-1463.

McKenna-Neuman C, Lancaster N, Nicking W G. 1997. Relations between dune morphology, air flow, and sediment flux on reversing dunes, silver peak, Nevada[J]. Sedimentology, 44 (6): 1103.

Okin G S, Murray B, Schlesinger W H. 2001. Degradation of sandy arid shrubland environments: Observations, process modeling, and management implications[J]. Journal of Arid Environments, 47: 123-144.

Owen P R. 1964. Saltation of uniform grains in air[J]. Journal of Fluid Mechanics, 20 (2): 225.

Ramanathan V P, Crutzen J, Kiehl J T, et al. 2001. Aerosols, climate, and the hydrological cycle[J]. Science, 294, 2119-2124.

Tyler S W, Wheatcrafu S W. 1992. Fractal scaling of soil particle size distributions: analysis and limitations[J]. Soil Sci Am J, 56: 362-369.

Ungar J E, Haff P K. 1987. Steady state saltation in air[J]. Sedimentology, 34 (2): 289-299.

Wolfe S A, Nickling W G. 1996. Shear stress partitioning in sparsely vegetated desert canopies[J]. Earth Surface Processes&Landforms, 21 (7): 607-619.

第2章

研究区概况

2.1 乌兰布和沙漠沿黄段概况

黄河乌兰布和沙漠段穿行于我国北方干旱半干旱地区过渡地带，南起乌海市水利枢纽，北至磴口县的三盛公水利枢纽，全长89.6km，目前有40km流动沙丘直接侵入黄河河道。其区域内干旱少雨，且大风频繁，两岸的风沙活动强烈，沙丘密集高大，沙丘链高7~20m左右，最高达65m，呈西北高东南低，整个地势倾向黄河，且地势倾向与主风方向基本一致，在大风和暴雨作用下，水土流失极其严重，大量风沙直接倾入黄河河道（图2-1），成为黄河粗砂的重要策源地，致使黄河乌兰布和沙漠段的泥沙含量显著增加。

图 2-1 黄河乌兰布和沙漠段沿岸沙丘直接侵入河道

入黄泥沙含量的剧增，使河床淤积抬高速度加快，形成"地上悬河"，造成乌兰布和沙漠沿黄段的黄河主流发生摆动，河岸崩塌，冲毁农田和林地，其风沙大量地进入河道，直接影响在建的乌海市海勃湾黄河水利枢纽工程、三盛公水利枢纽工程和下游其他水利工程的安全运行，严重威胁两岸人民群众的生命财产安全；河道淤积造成同水位过流量不断减少，经常出现小水决口事件，给当地防凌防汛任务形成巨大的压力，使内蒙古黄河段成为防凌防汛威胁最为严重的河段。同时，大量泥沙入黄严重危及黄河上游末端的乌海市、巴彦淖尔市、包头市、呼和浩特市 600 万居民的取水及饮水安全，并使河套引水总干渠也饱受流沙侵袭的危害，每年用于干、支、斗、农、毛渠的清淤费高达 800 万元（何京丽等，2011）；河道淤积还使每年护岸防洪工程耗费大量人力、物力和财力，极大影响了当地和下游地区社会经济的可持续发展（杜鹤强等，2015；周丽艳等，2008；杨根生等，2003）。

自 1978 年，三北防护林工程启动以来，乌兰布和沙漠治理列入工程范围，治理速度有所加快。特别是 2000 年后，随着全国生态环境建设和林业重点工程的启动，乌兰布和沙漠先后实施了国家重点生态县、天然林保护、退耕还林、"三北"防护林、水土保持工程、岸边堤防工程及日本海外协力贷款造林等一系列重点生态建设工程，累计完成治沙面积 113.41 万亩，其中人工造林 53.8 万亩，飞播造林 42 万亩，封沙育林 16.6 万亩，共完成投资 14585 万元（何文强，2020；罗凤敏等，2019a）。而水利部门针对流沙入黄投入的水土保持治理经费仅为 720 万元，治理经费十分短缺。经过多年的治理，项目治理区取得了一定的效果，积累了一些成功治理沙漠的经验，如草方格沙障、红土压沙、建设组合井对营造的草灌植被带进行浇灌等方法（肖巍等，2020）。但经笔者调查认为：由于治理面积远小于危害面积，生态治理区相互独立，没有形成整体的防护体系，存在许多治理空缺，使得风沙没能得到有效治理，缺失防治措施的地段风沙依然肆虐［图 2-2（a）］；特别是近年来在开展国家自然科学基金项目"黄河乌兰布和沙漠段越冬期下垫面变化对沿岸风沙运移机理影响的研究"的过程中，发现沿黄风沙段的植物措施体系中的杨树和柳树易遭受冻害，冬季河水上漫使树基部分冻损，造成树体"冻损剥皮"而生长不良甚至于次年死亡［图 2-2（b）］，造成防护林体系因受损出现断缺，防风固沙功能衰退，风沙乘势而入，致使许多原有建设的黄河沿岸生态治理工程失去了其防护效果，沙丘不断向河道推进。此外，沿黄风沙治理的不连续性和对防治措施的科技投入十分有限，使得黄河沿岸的流动沙丘没有得到有效控制，严重威胁黄河河道的安全运行（图 2-2）（张永亮，2008；罗凤敏等，2019b）。因此，亟待摸清黄河乌兰布和沙漠段的入黄风积沙量，为科学治理该区域恶劣的生态环境，保障黄河乌兰布和沙漠段的健康运行提供基础依据。

(a) 片状治理与非持续性治理　　(b) 冻损剥皮→树木死亡　　(c) 沙埋→树木死亡

图 2-2　黄河乌兰布和沙漠段沿岸治理措施防护功能的衰退

2.2　自　然　概　况

2.2.1　地质地貌

乌兰布和沙漠沿黄段海拔高度 1054～1055m，从地质构造方面来说，属阴山纬向构造带与河套盆地的结合地带，沉积物主要为上更新世以来的冲积、洪积、湖积物和现代黄河冲积物和古湖泊沉积物，沉积物厚度最深达 1000m，这些沉积物提供了较易侵蚀的丰富沙源，为沙漠形成与沙丘前移提供了良好的物质基础（春喜等，2007）。区域内地貌呈现新月形沙丘、链状、格状沙丘，白刺灌丛固定沙丘（沙堆），梭梭林地半固定沙丘、丘间低地、丘间草地镶嵌分布的格局，沙丘高度一般为 4～10m，沙丘密度 0.8（陈新闯等，2016）。研究区域的沙丘以流动沙丘为主，占沙漠总面积的 49.94%；固定沙丘次之，占 23.41%；半固定沙丘所占面积最少，仅有 21.78%（刘芳等，2014）。该沿黄段流动沙丘既有横向流动沙丘，也有少量的纵向流动沙丘，但是以横向沙丘为主，且沙丘走向为西南—东北向。横向流动沙丘的形态以新月形沙丘和新月形沙丘链为主，新月形沙丘链是由 3～8 个新月形沙丘连接而成（郭建英等，2016；尹瑞平等，2017）。

2.2.2　气候

乌兰布和沙漠沿黄段为西风环流控制，属于温带荒漠大陆性气候，据 1980～2020 年的气象统计资料，该区年均降水量为 112mm，年际变化率较大且年内分布不均匀，全年 56.7%的降雨集中于夏季，28.7%集中于秋季，13.4%集中于春季，冬季降雨极少（图 2-3）。年蒸发量高达 2372mm，主要集中于夏季，其次为春秋季。年均大气相对湿度为 46.7%，以 3 月相对湿度最小为 35%，10 月湿度最大。该区多年平均气温 8.0℃，7 月最热，1 月最冷。大风和风沙一年四季均有出现，年均风速 3.7m/s，以 3～5 月最多，起沙风向多为西风及西北风（图 2-4），夏风东南风比较盛行，秋季则东北风、西北风较多，从风力来看，在研究区主要以6～8m/s 级风速为主，其次为 8～10m/s，占整个起沙风 92.71%～94.50%；年均大风日数 10～32 天，平均扬沙日数 75～79 天，沙尘暴日数 19～22 天。

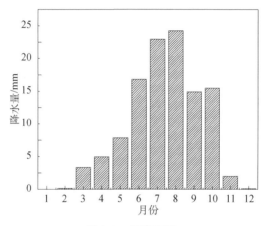

图 2-3　月降雨量

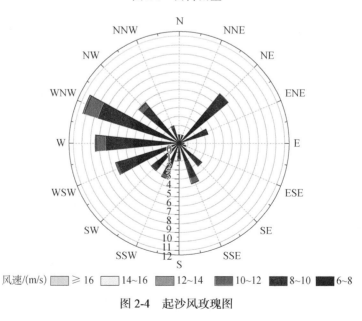

图 2-4　起沙风玫瑰图

2.2.3　土壤

乌兰布和沙漠沿黄段因是古湖泊沉积与黄河沉积所形成的，有较大范围的土质平地，多被开垦为农田。流动沙丘表面沙物质主要来自乌兰布和沙漠西北部南北向的流沙带，其中沙漠表层为风成细砂-中砂组成，下部为棕红色含砾的湖滨砂层（范育新等，2010）。黄河沿岸周围主要是风沙土与河岸泥沙混合而成，乌兰布和沙漠沿黄段土壤类型具有明显的地带性，主要是棕钙土和灰漠土。沙丘表面主要是风沙土，丘间洼地分布灰漠土、龟裂土，黄河临近洼地分布着草甸土。

2.2.4　水文

乌兰布和沙漠沿黄段，距离黄河较近，地表水资源丰富，地下水补给较多，主要包括大气降水、人工灌溉、黄河侧渗等，潜水埋深一般为 1.5~3m，水质良好，是排灌的优质水源。矿化度 1.3g/L，pH 8.5~8.6。且本区域干沙深度为 15~20cm，潜水可为沙区植物的生长提供了良好的水分。

2.2.5　植被

乌兰布和沙漠沿黄段降雨稀少，生态环境十分脆弱，主要生长着具有极强适应性和抗逆性的灌木丛及小灌木，黄河沿岸分布有乔灌木防护林。目前以蒙古种、戈壁-蒙古种、戈壁种以及古地中海区系的荒漠成分占主导地位（乌拉，2007）。主要科为藜科（Chenopodiaceae）、豆科（Leguminosae）、柽柳科（Tamaricaceae）、蒺藜科（Zygophyllaceae）、蓼科（Polygonaceae）、菊科（Compositae）、禾本科（Gramineae）等。天然分布的灌木类植物有柠条锦鸡儿（*Caragana Korshinskii* Kom.）、霸王（*Zygophyllum xanthoxylon* Maxim）、沙冬青（*Ammopiptanthus mongolicus*（Maxim）. Cheng F.）、白刺（*Nitraria tangutorum* Bobr）、细枝山竹子（花棒）（*Corethrodendron scoparium* Fisch.et Mey.）、沙拐枣（*Calligonum mongolicum* Turcz.）等。半灌木植物代表种有黑沙蒿（油蒿）（*Artemisia ordosica* Krasch.）、白沙蒿（*Artemisia sphaerocephala* Krasch.）、珍珠猪毛菜（*Salsola passerina* Bse.）、松叶猪毛菜（*Salsola laricifolia* Turcz.）等。一年生草类主要分布于流动沙丘，或与灌木、半灌木相伴生长。常见的种类有碱蓬〔*Suaeda glauca*（Bunge.）Bunge〕、猪毛菜（*Salsola collina* Pall.）、虫实

（*Corispermum hyssopifolium* L.）、沙蓬（沙米）［*Agriophyllum squrrosum*（L.）Moq.］等。在水分条件较好的低地，主要是芨芨草（*Achnatherum splendens* Trin.）、芦苇（*Phragmites australis* Trin.）、盐爪爪［*Kalidium foliatum*（Pall.）Moq.］等盐化草甸植被。人工植被主要有新疆杨（*Populus alba* var. *pyramidalis* Bunge）、小叶杨（*Populus simonii* Carr.）、旱柳（*Salix matsudana* Koidz.）、梭梭［*Haloxylon ammodendron*（C.A.Mey.）Bunge］、沙枣（*Elaeagnus angustifolia* L.）、柠条锦鸡儿、花棒、沙棘（*Hippophae rhamnoides* Linn.）、沙拐枣、柽柳（*Tamarix chinensis* Lour.）、乌柳（*Salix cheilophila* Schneid.）、沙木蓼（*Atraphaxis bracteata* A. Los.）等。

2.3 社会经济状况

黄河乌兰布和沙漠段沿岸共有 8 个行政嘎查，截至 2019 年，农业嘎查 5 个，牧业嘎查 2 个，总人口 647 户 4200 人。现有基本农田 6153 亩①，全部扬黄灌溉。有黄河河滩地 11 万多亩，可供耕种的河滩地 5 万余亩。河滩地天然打草场 1 万多亩，年产优质饲草 250 万 kg。有丰富的盐湖、建筑用黏土等资源，有部分铁、金属铌、钾长石等矿点。2012 年末牲畜总头数为 28658 头（只），畜存栏 17845 头（只），出栏率和商品率分别为 36.4% 和 20.1%，实现社会总产值 2888.9 万元，其中：农牧业总产值完成 1612.9 万元，乡企总产值完成 1276 万元，农牧民人均收入 4212 元。

参 考 文 献

陈新闯，郭建英，董智，等. 2016. 乌兰布和沙漠流动沙丘下风向降尘粒度特征[J]. 中国沙漠，36（2）：295-301.

春喜，陈发虎，范育新，等. 2007. 乌兰布和沙漠的形成与环境变化[J]. 中国沙漠，27（6）：927-931.

杜鹤强，薛娴，王涛，等. 2015. 1986—2013 年黄河宁蒙河段风蚀模数与风沙入河量估算[J]. 农业工程学报，31（10）：142-151.

范育新，陈发虎，范天来，等. 2010. 乌兰布和北部地区沙漠景观形成的沉积学和光释光年代

---

① 1 亩 ≈ 0.0667hm²，全书同

学证据[J]. 中国科学：地球科学，40（7）：903-910.

郭建英，董智，李锦荣，等. 2016. 黄河乌兰布和沙漠段沿岸沙丘形态及其运移特征[J]. 水土
保持研究，23（6）：40-44.

何京丽，张三红，崔葳，等. 2011. 黄河内蒙古段乌兰布和沙漠入黄风积沙监测研究[J]. 中国
水利，（10）：46-48.

何文强. 2020. 磴口县实现治沙与致富双赢[J]. 内蒙古林业，（7）：14-15.

刘芳，郝玉光，徐军，等. 2014. 乌兰布和沙区风沙运移特征分析[J]. 干旱区地理，37（6）：
1163-1169.

罗凤敏，高君亮，刘芳，等. 2019a. 乌兰布和沙漠东北部近地层沙尘水平通量和降尘量变化
特征分析[J]. 中国农业科技导报，21（2）：163-169.

罗凤敏，高君亮，辛智鸣，等. 2019b. 乌兰布和沙漠东北缘防护林内外沙尘暴低空结构特征
[J]. 干旱区研究，36（4）：1032-1040.

乌拉. 2007. 乌兰布和沙漠植被及其保护[J]. 陕西林业科技，（4）：133-137.

肖巍，乔保军，范海朋. 2020. 乌兰布和沙漠东北部麦草沙障防风固沙效果研究[J]. 农业与技
术，40（14）：106-109.

杨根生，拓万全，戴丰年，等. 2003. 风沙对黄河内蒙古河段河道泥沙淤积的影响[J]. 中国沙
漠，23（2）：152-159.

尹瑞平，郭建英，董智，等. 2017. 黄河乌兰布和沙漠段沿岸不同高度典型沙丘风沙特征[J].
水土保持研究，24（5）：157-161.

张永亮. 2008. 从乌海风口入手加速乌兰布和沙漠治理步伐[J]. 林业经济，（12）：38-40.

周丽艳，鲁俊，张建. 2008. 黄河宁蒙河段沙量平衡法冲淤量的计算及修正[J]. 人民黄河，30
（7）：30-31.

第3章
沿黄两岸土地利用及河道边界特征变化

黄河上游宁蒙段是黄河水-沙变化最复杂、河道演变最剧烈的关键河段，特别是上游水库的相继投入运行极大地改变了黄河上游的水-沙条件（范小黎等，2010；Ta et al., 2008；Wang et al., 2007），同时该河段流经区域也是中国重要的产粮区。而乌兰布和沙漠段风沙活动较为强烈，也是黄河粗泥沙的主要来源之一（杨根生，2002；杨根生等，2003；杨忠敏和任宏斌，2004；杨忠敏等，2006）。目前随着人口的不断增长，黄河两岸的土地开发、农业发展以及生态环境建设的大力发展，当地的土地利用方式正发生着巨大变化，这些都通过影响当地水资源和土地资源的利用程度和强度，间接影响黄河的入黄风沙过程的变化。因此，科学认识流域内土地利用和植被覆盖的变化及其成因，有助于正确认识风沙入黄过程，还可以为该河段未来时期内的河段冲淤演变趋势提供数据支持，从而为制定乌兰布和沙漠段洪凌灾害、保证两岸人民生产生活安全的调控对策提供理论基础。

近年来，许多学者从不同的研究目的出发，对宁夏和内蒙古开展了土地利用变化的研究。贾宝全等（2007）以乌兰布和沙漠为研究靶区，对乌兰布和沙漠1986年、1995年、2000年和2004年的土地利用现状图分析土地利用动态变化过程及其驱动因素进行分析，发现该区域既有退耕还林还草、积极治理沙漠、改造盐碱地的事实，也同时存在着毁林毁草开垦荒地，以及荒漠化土地扩展的现实，造成这种现实的驱动因素主要为降水、人口和牲畜数量，以及农牧业经济地位变动，同时大的政策因素影响也不容忽视。整个研究区，土地利用变化在总体上变化很小，而在局部地区变化很大，一方面未利用土地，尤其是荒漠化的日益严重与自然因素的恶化有关，另一方面也反映了在短期内，局部的人类活动对土地利用频繁而造成强烈的影响（成军锋，2010）。

战金艳等（2004）从生态系统的角度分析了土地利用变化过程以及由此引发的环境效应；张银辉等（2005）对内蒙古河套灌区1985～2000年土地利用变化及景观格局变化做出了研究；席冬梅（2007）分析了内蒙古中西部2000～2005年土地利用类型现状及动态变化。

这些研究在时间上大多集中在2005年以前，在空间上多以某一地理单元为主，如集中在灌区或是农牧交错带，在研究目的上则主要考虑土地利用与环境变化的关系。本书主要是为乌兰布和沙漠段土地利用变化对风沙入黄过程的影响提供理论基础，因此将研究区域界定为乌兰布和沙漠段黄河河道中心线5km范围；在研究时相上依据数据的可获取性，尽可能将最新的土地利用数据纳入研究范围。基于此，借助遥感和地理信息系统技术，本章研究了黄河乌兰布和沙漠河岸5km缓冲区内2000年、2008年和2015年土地利用变化，并对引起土地利用变化的驱动力做了初步分析。

3.1　河道边界的确定

参考遥感影像资料（分辨率2.5m），2012年8月中旬为黄河乌兰布和沙漠段自1989年以来最大洪水年，最大洪水流量（2820m³/s），洪水位线高，确定研究区无防洪堤区域河道的边界。其中有防洪堤的河段将防洪堤作为河道边界。

3.2　基于3S土地利用及植被盖度的提取

3.2.1　遥感影像资料及预处理

利用2000年8月、2008年8月、2015年8月三期遥感影像资料（分辨率2.5m）解译研究区黄河乌兰布和沙漠段沿岸的土地利用/覆被类型时空分布。遥感影像覆盖范围从乌海市水利枢纽至巴彦高勒三盛公水利枢纽段，全长89.6km。利用ENVI软件将获取的影像进行预处理（图3-1）。

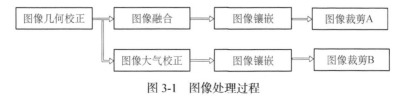

图 3-1　图像处理过程

经过图像融合的数据 A 用于土地利用分类，而经过大气校正的数据 B 用于植被指数的提取。

3.2.2 地面土地利用类型调查

通过野外 GPS 记录经纬度，记录每处样点的土地利用类型及其植被信息，然后拍照。将 GPS 点导入 Arcgis，对应照片及其记录内容完善土地利用解译。

3.2.3 卫星数据处理

1. 数据的几何校正

ENVI 自动识别了 RPC 文件，直接选择 ENVI 中的正射校正菜单进行正射校正。由于缺少控制点信息这里直接使用无控制点正射校正功能，所以通过野外的关键位置打点，在 ENVI 里进行过手动找点，每景影像在中心及其四周找 20～30 个控制点，进行校正，然后通过 ENVI 的自动找点功能，每景影像找校正点约 120 个，校正误差控制在 1 个像元内。

2. 数据的融合

资源三号卫星搭载了分辨率为 5.8m 的 4 波段多光谱相机以及分辨率为 2.1m 的全色相机。在完成 ZY3 数据的几何校正之后，以 ZY3 卫星的 4 波段多光谱数据为基础，进行图像的区域平差后，以 4 波段多光谱数据为基准对 2.1m 全色数据进行精校正。然后在 ENVI 的 Toolbox 中，选择 Image Sharpening/Gram-Schmidt Pan Sharpening，分别选择全色和多光谱数据进行融合处理。获得融合后的 2.1m 分辨率的融合数据，拥有全色数据的分辨率和 4 波段多光谱属性。

3.2.4 遥感影像解译

采用 ENVI 进行非监督分类，将黄河沿岸土地利用类型分为 30 类，然后进行监督分类合并相同土地利用类型，对于同物异谱和同谱异物的土地利用类型地块，裁剪出来利用 Arcgis 的 Raster Calculator 计算机的 con 语句进行单独分类，然后进行图像的合并，结合地面调查点和 Google Earth 数据进行正确地物辨认。

3.2.5　土地利用/覆被分类精度评估

在进行土地利用/覆被分类过程中，不可避免地含有误差，因此在利用遥感专题图进行科学研究和决策前，应对其进行充分的精度评价（Stehman and Czaplewski，1998；Paine and Kiser，2003）。

1. 样本容量的确定

在遥感分类图中，对分类精度进行评价时，实际选取多少个地面参考验证样本是需要考虑的一个重要因素。本章采用多项式分布式计算样本容量，其计算公式如下（Tortora et al.，1978；Congalton and Green，1999）：

$$N = \frac{B\Pi_i(1-\Pi_i)}{b_i^2} \tag{3-1}$$

式中，Π_i 是 k 个类型中最接近 50% 的第 i 类的总体比例，b_i 是相应于该类的期望精度，B 是自由度为 1 且服从 χ^2 分布的（α/k）×百分位数，k 是总类数。

其中 $k=9$，类 Π_i 大约占地图面积的 60%，并且比例最接近 50%，置信度选取 95%，误差取 8%。则

$$N = \frac{7.568 \times 0.6 \times (1-0.6)}{0.08^2} = 283.8 \tag{3-2}$$

因此至少应选取 217 个随机样本完成误差矩阵，即每个类别至少需要 24 个样本。

2. 采样设计

较为常用的采样框架有 5 个，即随机采样、系统采样、分层随机采样、分层系统非均衡采样和聚类采样。这些采样框架可用来采集地面参考验证数据，并用来评价遥感专题图的精度（Congalton and Green，1999）。上述采样方法各有其优点与缺点，有些采样方法甚至很难实现，基于黄河沿岸的地形与地貌特点及土地利用状况，本章采用随机采样法进行采样。

3. Kappa 一致性检验

Kappa 分析在精度评价中使用的是离散的多元统计方法（Congalton and Mead，1983）。Kappa 分析生成一个统计量 $\hat{K}$，它是 Kappa 的一个估计值，也是遥感分类和参考数据之间的一致性或精度的量度，这种量度是通过①对角线；②行列总数给出的概率一致性来表达的，其计算公式如下：

$$\hat{K} = \frac{N\sum_{i=1}^{k} x_{ii} - \sum_{i=1}^{k}(x_{i+} \times x_{+i})}{N^2 - \sum_{i=1}^{K}(x_{i+} \times x_{+i})} \qquad (3\text{-}3)$$

式中，k 为矩阵行数；x_{ii} 是位于第 i 行第 i 列的观测点个数；x_{i+} 和 x_{+i} 分别表示第 i 行和第 i 列的和；N 是所有观测点的总数。

$\hat{K} > 0.8$，就是指分类图和地面参考信息间的一致性很大或精度很高；$0.4 \leqslant \hat{K} \leqslant 0.8$，表示一致性中等；$\hat{K} < 0.4$，表示一致性很差。

3.3　沿黄两岸土地利用动态变化

位于乌兰布和沙漠段黄河沿岸两侧的土地利用变化较为频繁，其中主要原因就是河道变迁，造成河岸两侧滩涂或者耕地的变化；另一方面就是当地农民对河道两侧的滩涂利用开发为农田；河岸风沙入侵造成的林地损毁，使其沙漠化。针对这些特殊的因素，我们以黄河乌兰布和沙漠段换黄河河道中心线，左右岸 5km 范围的缓冲区为研究区域，5km 范围的土地利用变化较为剧烈，在这一范围内土地利用变化，对风沙入黄计算起关键作用。

3.3.1　数据来源处理

对表 3-1 中各年份的原始影像数据进行了辐射定标、大气校正以及几何校正等处理过程得到第一次校正的影像数据，在此基础上对校正过的影像数据进行二次校正处理，进行对图像的镶嵌、融合、重投、裁剪等影像数据预处理过程，完成了（2000 年 SPOT 数据，2008 年 ALOS 数据，2015 年 GF-1 卫星数据）数据的处理。

表 3-1　影像数据信息

时间	类别	卫星	分辨率/m	时相
2000 年	原始影像 （10m 全色）+30m Lansat	SPOT	10	2000 年 12 月 28 日
2008 年	原始影像 （2.5m 全色＋10m 多光谱）	ALOS	2.5	2008 年 8 月 18 日
2015 年	原始影像 （2.0m 全色＋8m 多光谱）	GF-1	2.0	2015 年 5 月 19 日

图像的解译工作，通过以地面踏查记录、辅助 Google Earth 等手段辅助解译。这些辅助数据主要用于图像精校正、辅助分类、综合制图和地学分析，其中地面调查资料用于监督分类训练样本和精度验证。

根据《土地利用现状分类》（GB/T 21010—2017），结合研究区域的实际情况和研究目的，将土地利用分类体系如下（表 3-2）。

表 3-2　土地利用/覆被分类体系

Ⅰ 级分类	Ⅱ 级分类	内涵
耕地 1	水浇地 11	指有水源保证和灌溉设施，在一般年景能正常灌溉，种植旱生农作物（含蔬菜）的耕地
	旱地 12	指无灌溉设施，主要靠天然降水种植旱生农作物的耕地
林地 2	有林地 21	面积大于 0.1hm²，郁闭度大于 0.2 的乔木片林地
	灌木林地 22	在干旱、半干旱气候条件下，由旱生或强旱生灌木、半灌木构成的一类林地，植被盖度一般为 10%～30%
荒漠化草地 3	荒漠化草地 31	在半干旱气候条件下，由多年生的旱生、中生草本植物为主，并伴生有一定比例的矮灌木
建设用地 4	城镇用地 41	城镇住宅用地和农村宅基地及其周边的畜舍等附属设施用地以及运输通行的地面线路等土地
	工矿业用地 42	指采矿、采石、采沙场、砖瓦窑等地面生产用地，排土（石）场及尾矿堆放地，矿业用地周边建设起来的工厂，用来对矿业进行二次加工服务等多个附属设置用地
水域 5	河流水面 51	指天然形成或人工开挖河流正常水位岸线之间的水面，不包括被堤坝拦截后形成的水库区段水面
	内陆滩涂 55	指河流、水库、坑塘的正常蓄水位与历史洪水位（冬季结冰期冰面最高位线、防洪堤边界）间的滩地
沙漠 6	流动沙丘 61	植被盖度<10%，流沙比例> 50%，地表沙物质常处于流动状态的沙丘

3.3.2　黄河沿岸土地利用变化

对 2000 年、2008 年和 2015 年遥感影像进行监督分类及分类后处理，得到了三个时期乌兰布和沙漠段两岸缓冲区土地利用/覆被分类图（图 3-2～图 3-4）。

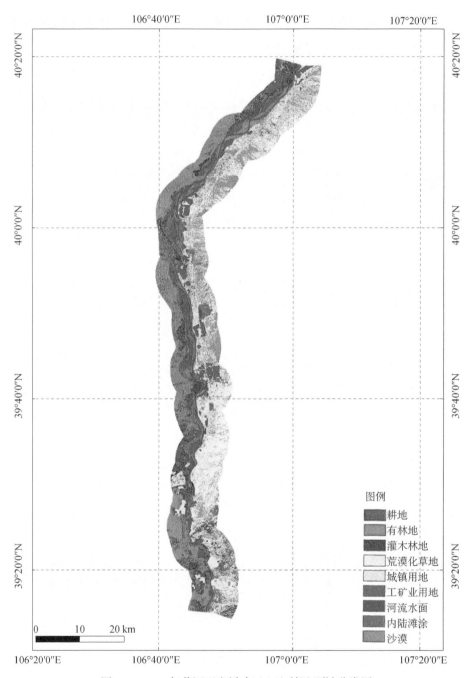

图 3-2　2000 年黄河两岸缓冲区土地利用/覆被分类图

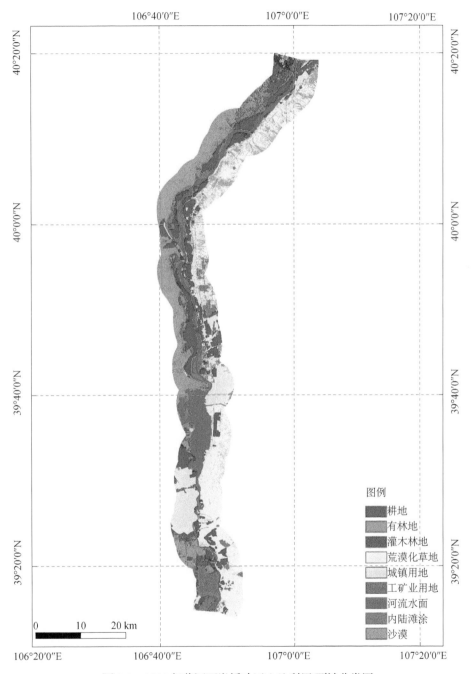

图3-3　2008年黄河两岸缓冲区土地利用/覆被分类图

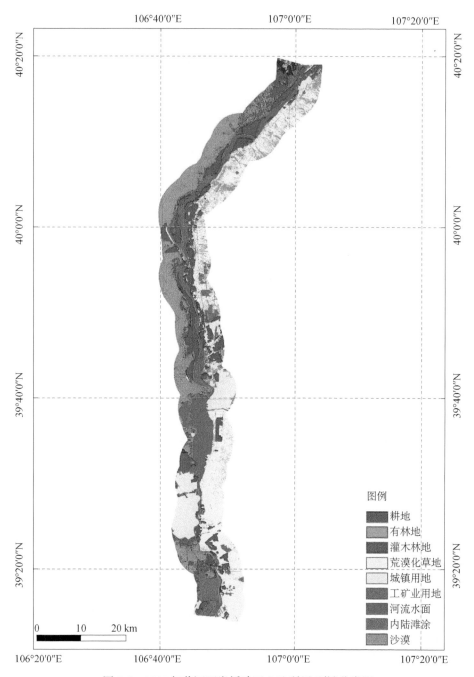

图 3-4　2015 年黄河两岸缓冲区土地利用/覆被分类图

根据上一步得到的缓冲区土地利用/覆被分类图对 2000 年、2008 年和 2015 年的遥感影像分类结果进行统计，得到了乌兰布和沙漠段两岸缓冲区土地利用/覆被分类统计数据（表 3-3）。

表 3-3　土地利用与覆被面积变化

土地利用类型	2000 年		2008 年		2015 年	
	面积/hm²	占比/%	面积/hm²	占比/%	面积/hm²	占比/%
耕地	16697.43	11.88	27785.41	19.78	21910.57	15.59
有林地	71.74	0.05	135.58	0.10	128.70	0.09
灌木林地	17506.73	12.46	17172.89	12.22	8287.00	5.90
荒漠化草地	40135.70	28.57	43102.11	30.68	34884.82	24.83
城镇用地	5777.09	4.11	7757.47	5.52	13766.08	9.80
工矿业用地	3663.26	2.61	2704.28	1.92	5242.29	3.73
河流水面	5161.23	3.67	6686.04	4.76	18361.88	13.07
内陆滩涂	8124.66	5.78	4137.62	2.94	4756.80	3.39
流动沙丘	43366.73	30.86	31023.16	22.08	33166.43	23.61
小计	140504.57	100.00	140504.56	100.00	140504.57	100.00

由表 3-3 可以看出，2000 年沿岸两侧各 5km 缓冲区的土地利用类型中耕地面积 16697.43hm²，占缓冲区面积的 11.88%，主要分布在黄河沿岸两侧的河道内以及河道外侧，调查发现耕地利用黄河水进行灌溉。河道内的耕地主要利用土围埂阻挡黄河水进入耕地，但是每当遇到黄河水量增大，河水改道这些土围埂还是被洪水冲垮，庄稼得不到收成。有林地面积为 71.74hm²，占缓冲区面积的 0.05%，5km 范围的林地主要分布在黄河西岸的三盛公库区上游沿岸 1.6km 范围内，树种主要是旱柳、沙枣、杨树，靠近三盛公库区的林地分布盖度约为 10%，特点为林地较为稀疏且零星分布。灌木林地面积 17506.73hm²，占缓冲区面积的 12.46%，主要分布在黄河西岸沿岸黄河水侧渗水分条件较好的区域，呈现片状分布且较为集中，主要树种有柽柳、沙蒿、梭梭、白刺、沙枣等灌木；黄河东岸的山前洪积扇覆沙区，也有一定面积的灌木分布，主要树种为旱生和强旱生的灌木和半灌木，包括四合木、霸王、白刺、沙冬青、红砂等。荒漠化草地面积 40135.70hm²，占缓冲区面积的 28.57%，主要分布在黄河东岸的山前洪积区，植被类型主要以多年生旱生和中生草本植物为主，并伴生有一定比例的矮灌木，与灌木林地镶嵌分布，构成斑块。建设用地包括城镇用地和工矿业用地，其中城镇用地面积 5777.09hm²，占缓冲区面积的 4.11%，主要是磴口县和乌海市的部分面积以及黄河两岸的村庄。工矿用地面积 3663.26hm²，占缓冲区面积的 2.61%，主要分布在乌海周边的采煤采石场、采沙场、砖瓦窑等地面生

产用地，排土（石）场与尾矿堆放地，及矿业用地周边建设起来的工厂，用来对矿业进行二次加工服务等多个附属设施用地。水域面积其中分为河流水面和内陆滩涂两部分，面积分别为 5161.23hm^2 和 8124.66hm^2，占地面积比例为 3.67% 和 5.78%，且黄河河道水流面积小于滩涂面积。流动沙丘面积 43366.73hm^2，占地面积比例 30.86%，是缓冲区内主要的土地类型，主要分布于黄河西岸从三盛公库区开始贯穿整个缓冲区，东岸桌子山下部分沙漠沙沉积，形成小沙山。

到 2008 年，耕地面积占比 19.78%，土地面积增加了 11087.98hm^2，较 2000 年有较大幅度增加，增加了 7.9%。林地面积占 0.10%，较 2000 年增加了 0.05%，接近增加了 1 倍。灌木林地面积基本保持不变。荒漠化草地面积略有增加，增加面积占 1.41%；工矿业用地略有减少；河流水面较 2000 年增加 1.09%，滩涂面积减少 2.84%；流动沙丘面积减少 8.78%。

2015 年与 2008 年相比较，耕地面积减少 4.19%，有林地面积基本保持不变，灌木林地减少 6.32%，荒漠化草地减少 5.85%；城镇面积增加 4.28%，工矿业用地增加 1.81%；河流水面增加 8.31%，内陆滩涂增加 0.45%；流动沙丘面积增加 1.53%。三个时期中，2008～2015 年间，土地利用变化面积最为剧烈。

根据 2000～2015 年 16 年的总体变化趋势来看，耕地、林地、城镇用地、工矿业用地、河流水面面积呈现增加趋势；而灌木林地、荒漠化草地、流动沙丘和内陆滩涂面积呈现减少趋势。

为了明确各时期土地利用的相互转化过程，对三个时期的土地利用/覆被变化进行了转移矩阵分析，利用 ArcGIS 下的空间分析工具（Spatial Analyst Tools/Zonal/Zonal Statistics as Table）获得时期之间土地利用/覆被转移矩阵数据（表 3-4 和表 3-5）。

表 3-4 2000～2008 年乌兰布和沙漠黄河沿岸缓冲区土地利用与覆被转移数量汇总

单位：hm^2

2000 年＼2008 年	耕地	有林地	灌木林地	荒漠化草地	城镇用地	工矿业用地	河流水面	内陆滩涂	流动沙丘
耕地	11308.17	46.89	1118.21	1235.09	832.87	34.29	748.78	851.12	522
有林地	25.24	42.48	0.48	0.08	0.27	0	2.5	0.5	0.19
灌木林地	2445.32	0	4116.23	3915.66	1117.99	268.04	98.58	112.39	5432.52
荒漠化草地	3691.77	4.01	3209.17	25490.2	1094.89	885.32	608.46	293.03	4858.86
城镇用地	1427.42	0	536.5	653.79	2803.18	11.15	74.58	22.38	248.09
工矿业用地	218.23	0	270.32	1677.38	195.51	918.42	75.2	33.81	274.39

续表

2000 年 ＼ 2008 年	耕地	有林地	灌木林地	荒漠化草地	城镇用地	工矿业用地	河流水面	内陆滩涂	流动沙丘
河流水面	1196.83	11.01	96.72	9.78	35.62	6.17	2630.57	1021.04	153.51
内陆滩涂	4323.92	31.01	614.96	19.03	36.82	7.49	1619.54	1309.54	162.36
流动沙丘	3148.51	0.17	7210.3	10101.11	1640.32	573.42	827.84	493.82	19371.23
净增加	16477.24	93.10	13056.66	17611.91	4954.29	1774.72	4055.48	2828.08	11651.93
净减少	5389.26	29.26	13390.50	14645.50	2973.91	2744.84	2530.67	6815.12	23995.49
净增减	11087.98	63.84	−333.84	2966.41	1980.38	−970.12	1524.81	−3987.04	−12343.56

表 3-5　2008～2015 年乌兰布和沙漠黄河沿岸缓冲区土地利用与覆被转移数量汇总

单位：hm^2

2008 年 ＼ 2015 年	耕地	有林地	灌木林地	荒漠化草地	城镇用地	工矿业用地	河流水面	内陆滩涂	流动沙丘
耕地	8285.06	26	2743.99	1081.72	1496.52	243.8	7141.81	2038.77	4727.73
有林地	0	65.47	22.85	0	0	0	4.02	3.03	40.23
灌木林地	1790.73	3.59	1486.07	2975.09	2585.64	326.21	2274.89	243.87	5486.8
荒漠化草地	5692.36	11.24	891.71	23715.86	3054.41	1242.04	3683.19	609.39	4201.92
城镇用地	727.99	4.34	437.69	579.48	4542.82	449.1	524.73	58.88	432.45
工矿业用地	160.45	0	130.23	1281.37	108.42	540.72	205.59	9.44	268.06
河流水面	2118.94	11.54	276.63	68.25	229.2	114.97	1980.73	919.78	966
内陆滩涂	1104.4	3.08	289.83	23.45	210.88	64.7	985.76	521.21	934.31
流动沙丘	2030.66	3.45	2008	5159.59	1538.19	2260.76	1561.15	352.44	16108.93
净增加	13625.51	63.24	6800.93	11168.96	9223.26	4252.47	16381.14	4235.59	17057.50
净减少	19500.35	70.12	15686.82	19386.26	3214.65	2163.56	4705.31	3616.41	14914.23
净增减	−5874.84	−6.88	−8885.88	−8217.3	6008.61	2088.91	11675.83	619.18	2143.27

从表 3-4 可知：2000～2008 年耕地增加，主要是由内陆滩涂、流动沙丘、荒漠化草地等用地减少造成。由于在缓冲区内的耕地主要是分布在河道及其河道两边，所以当地农民在河道滩涂内开垦，利用滩涂土壤水分优势开垦种地，但是一旦遇到洪水可能将颗粒无收。其次就是在防洪堤外的沙漠和荒漠化草地开垦种地，利用黄河水侧渗和黄河水灌溉，解决农业灌溉用水，保证农作物正常生长。城镇用地的增加主要是因为黄河东岸的荒漠草地和灌木林地占地而减少。河流水面的增加主要来源于内陆滩涂用地的减少，表明 2008 年的水量增加，原来的滩涂部分被水面占据。流动沙丘的减少，主要被开发利用为耕地，用于农业生产。

而 2008 年之后到 2015 年的土地利用变化，与 2008 年之前的趋势略有不同。2008 年之后耕地、有林地、灌木林地、荒漠化草地减少；城镇用地、工矿业用地、河流水面、内陆滩涂和流动沙丘面积增加。可由表 3-5 看出，耕地主要向水域和内陆滩涂转化，这和我们前面提到的一样，耕地主要分布河道内，水面增加自然冲刷耕地面积，导致不得不放弃耕种；有林地面积虽有减少但基本保持稳定；2008 年后灌木林地主要转向荒漠化草地、城镇用地、河流水面和流动沙丘，可见在此期间，灌木林地退化，导致一部分转向流动沙丘，或者说沙丘移动导致灌木林地被沙埋损坏以及退化，另一部分则被开发成城镇用地。荒漠化草地减少，主要向耕地和城镇用地转移，荒漠化草地或因河道内的耕地减少而被开垦，或被占用开发为城镇用地。河流水面的增加来源于耕地、灌木林地和荒漠化草地的减少，河流水面增加的原因主要是因为在乌海修筑水利枢纽，进而形成较大的水域面积，这部分面积之前主要土地利用类型就是耕地、灌木林地和荒漠草地三类。滩涂面积略有增加，但基本保持稳定。流动沙丘虽有增加，但所占比例较低，增加部分主要由耕地和灌木林地转化而来，沙丘移动导致耕地和灌木林地被掩埋，耕地不适合耕种，灌木林地被部分掩埋，变为沙漠；虽然也有流动沙丘经人为造林种草后新增为灌木林地和荒漠化草地的面积，但由于原有草地和灌木林地被开垦为耕地种植后沙化严重，导致开垦的耕地弃耕，使得耕地重新沙化，使得流动沙丘面积增加；其次，风沙活动强度增加，也导致大量的灌木林地被前进的沙丘掩埋，导致灌木林地面积减少流动沙丘面积增加。

结合该区土地利用的变化及防沙治沙的需求，在河道两岸的缓冲区内，应严禁开垦灌木林地和荒漠化草地，已开垦为耕地的，一方面应做好退耕还林还草，另一方面应建立农田防护林，防治沙害，保护好已开发耕地。同时加强沿岸固沙灌木林地的建设，防止沙丘迁移。造林时应因地制宜、以水定树，考虑选择乡土树种，造林密度应与当地多年降水量协调；造林方法与造林配置应结合干旱区、沙区的造林方法进行，灌好定根水，提高造林成活率。

3.4 沿黄两岸河道边界特征变化

黄河乌兰布和沙漠段位于黄河上游河段，上起内蒙古乌海市水利枢纽，下至三盛公水利枢纽，全长约 89.6km。该段左岸与乌兰布和沙漠相邻，受风成沙入黄影响，使得该段河床淤积，行洪、行凌能力降低，洪灾、凌灾频繁发生，

严重威胁人民生命财产安全（杨根生等，2003）。在汛期和凌期，该河段的河岸
与水面（冰面）的变化在不同年份变化各异，致使两岸的植物与土壤深受影
响，进而在一定程度上影响了风沙入黄。有研究表明，夏季河水的冲淘会引起
河岸扩张后退，引起沙子直接进入黄河（舒安平等，2014）；而冬季的冰面可能
是乌兰布和沙漠沙向乌海迁移的通道。然而，冬季水面入侵乌兰布和沙漠也会
冻结土壤，降低风蚀，而且来年春季缓慢融化消退的冰面也会给春季植物生长
带来巨大的生态补水，这对于阻止风沙入黄起到积极作用。因此，开展该段河
岸摆动变化及其引起的河水水面、冰面的变化研究十分必要。

　　关于黄河宁蒙段的研究热点主要集中在风沙对黄河淤积危害（杨根生等，
2003）、河岸演变及因素分析（王随继等，2009；范小黎等，2010；李秋艳等，
2012；颜明等，2013）、凌汛特征（王文东等，2006）、开封河预报模型（冀鸿
兰等，2008）、入黄泥沙来源分析（余明辉等，2014），入黄风沙量的研究（杨
根生，1988），河岸泥沙淤积量（Fan et al.，2012，2013；Jia et al.，2011；Shu
et al.，2012），沿岸风沙运移规律研究（何京丽等，2012）以及黄河冰凌形成及
危害分析（冯国华等，2008）。以遥感数据为基础，Yao 等（2011）通过不同时
期的卫星影像，计算 1958～2008 年黄河宁蒙段河岸堆积与侵蚀的面积，对比 50
年河岸区冲淤面积变化以及河岸整体移动趋势。从凌汛研究方向来看，目前人
们更多关注的是黄河凌汛造成的危害，都没有注意到凌汛造成的河水上涨-扩
散，带来的生态补水以及不同阶段河岸的动态变化的影响因素。为此，本章以
黄河凌汛期，乌海水利枢纽—三盛公段河岸变化为研究对象，研究凌汛期河岸
动态变化过程及其影响因素分析，以期为黄河凌汛期对沿岸沙丘生态补水研究
提供依据。

　　随着遥感技术发展，利用不同时期卫星影像数据研究河流平面形态变化已
成为一种广泛采用的手段。为此，以 1989 年、2000 年、2005 年、2008 年、
2010 年夏季（7～9 月）和 2000 年、2005 年、2008 年和 2010 年冬季（1～2
月）Landsat TM（或 ETM+）遥感影像数据为基础，利用 Arcgis 勾绘不同时期
乌海水利枢纽至三盛公段的河岸边界。以乌海水利枢纽为起点，沿河顺流而下
每隔 5km 设置一个断面，断面线与河道中心线走势垂直，共计设置 20 个断面，
记作 C1～C20（图 3-5）。通过分析不同时期 20 个断面水位变化，研究夏季、冬
季黄河乌兰布和沙漠段的河水水位消长变化过程，分析影响水位消长的主要
因素。

　　河岸变化通过最大摆幅、平均摆幅、断面数、断面所占频度、摆动速率等
来表征，计算公式为

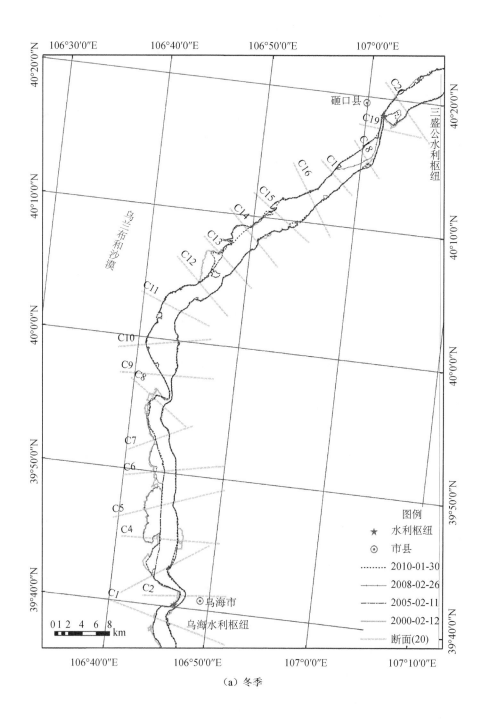

（a）冬季

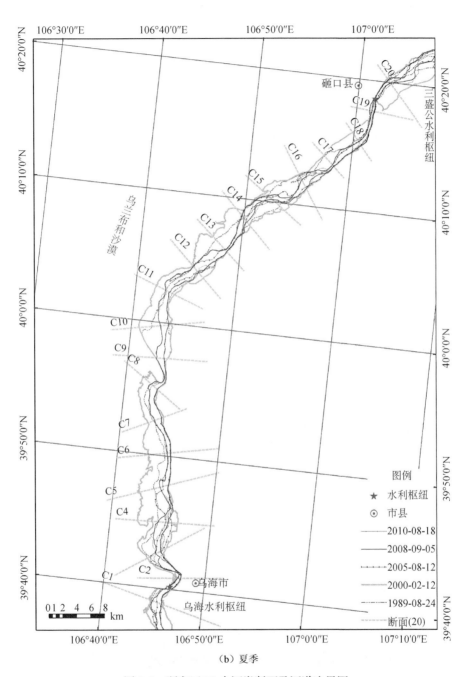

（b）夏季

图 3-5　研究区 20 个河岸断面及河道边界图

最大摆幅：$A_{max} = \text{MAX } A_i$

平均摆幅：$A_{avg} = \text{Average } A_i$

断面所占频度 F 是指在不同摆动方向上出现的断面数占所有断面数的比值：

$$F = \frac{n}{20} \times 100\% \qquad (3\text{-}4)$$

摆动速率 R 包括全河段摆动速率、加权平均摆动速率及总摆动速率 3 个指标：

$$R_{全河段} = \frac{A_{avg}}{T} \qquad (3\text{-}5)$$

$$R_{加权} = R_{全河段} \times \frac{n}{20}$$

式中，i 表示 20 个监测断面；n 表示不同摆动方向上出现的断面数；T 表示不同时期的时间间隔，年。

夏、冬季河岸变化以每个时期起始年的河岸边界为基础，其中正、负数表示河岸沿断面线向右侧、左侧摆动。同时以某年夏季的河岸边界为基础，比较同一年份冬、夏季河岸边界的变化幅度。在计算水位的摆动幅度时，考虑到正负数简单相加后计算的平均值会使计算值严重偏小的问题，分别计算了向左及向右摆动的平均值，即将正负数分别进行考虑，从而得到两个方向的摆动幅度数据。

3.4.1 夏季沿黄两岸摆动幅度、速率及变化趋势

黄河夏季水位变动主要是由于多年间河岸变迁引起的（Yao et al，2011）。夏季不同时期左右岸摆动幅度及其摆动速度如表 3-6 所示。黄河左岸向左和向右摆动的最大摆幅、平均摆幅分别出现在 2005～2008 年、1989～2000 年，为 1008.6m、1911.0m 和 316.5m、645.6m。右岸向左、向右摆动的最大摆幅、平均摆幅分别出现在 1989～2000 年、2000～2005 年间，分别为 665.4m、414.7m 和 300.5m、144.3m。其中左岸向右摆动和右岸向左摆动的最大摆幅、平均摆幅均出现在 1989～2000 年这一时期。就最大摆幅与平均摆幅而言，左岸活动比较剧烈，左岸向两侧摆动幅度远大于右岸向两侧的摆动幅度。

对夏季四个时期不同摆动方向的断面所占频度统计分析结果显示：四个时期黄河左岸断面出现向右摆动趋势占 55.71%，向左摆动占 44.29%。黄河右岸监

表3-6　四个时期夏季河岸最大摆幅、平均摆幅与摆动速度

时期	指标	左岸		右岸	
		向左	向右	向左	向右
1989~2000 年	最大摆幅/m	−521.4	1911.0	−665.4	155.6
	平均摆幅/m	−167.2	645.6	−300.5	69
	摆动速度/(m/a)	−15.2	58.7	−27.3	6.3
	断面数/个	4	16	15	5
2000~2005 年	最大摆幅/m	−628.1	491.7	−242.7	414.7
	平均摆幅/m	−234.6	177.6	−102.5	144.3
	摆动速度/(m/a)	−46.9	35.5	−20.5	28.9
	断面数/个	9	6	7	8
2005~2008 年	最大摆幅/m	−1008.6	835.6	−548.3	239.3
	平均摆幅/m	−316.5	343.4	−231.4	114.8
	摆动速度/(m/a)	−105.5	114.5	−77.1	38.3
	断面数/个	10	5	6	9
2008~2010 年	最大摆幅/m	−100.7	1055	−77.1	151
	平均摆幅/m	−52.5	187.1	−39	54.4
	摆动速度/(m/a)	−26.3	93.6	−19.5	27.2
	断面数/个	8	12	11	9

测断面出现向左摆动趋势占 55.71%，向右摆动占 44.29%。说明该河段不同断面向左右摆动的趋势相当。

从摆动速率来看（图 3-6 和表 3-6），1989~2000 年的左岸以向右摆动为主，平均摆动速率为 58.7m/a；右岸以向左摆动为主，平均摆动速率为 27.3m/a。1989~2000 年，河岸由 1989 年的平均河宽 1459.3m 萎缩为 2000 年的平均河宽 691.5m，且伴有向右偏移趋势。

2000~2005 年，左右岸分别向同侧河岸摆动，左岸向左平均摆动速度与右岸向右平均摆动速度分别为 −46.9m/a 和 28.9m/a，2005 年夏季平均河宽 777.1m，河岸呈扩张趋势，且向左扩张趋势大于向右扩张趋势。

2005~2008 年，左右岸在同一段面摆动方向基本一致，左岸向左、向右摆动速度分别为 −105.5m/a 和 114.5m/a，所占断面数分别为 10 和 5，通过对摆动速率加权，可知左岸以向左摆动为主；同样地，右岸向左、向右摆动速度分别为 −77.1m/a 和 38.3m/a，所占断面数分别为 6 和 9，通过对摆动速率加权，可知右岸以向左摆动为主，左岸向左摆动速率大于右岸向左摆动速率，河岸呈向左偏移趋势，2008 年夏季平均河宽 897.1m，河岸呈扩张趋势。

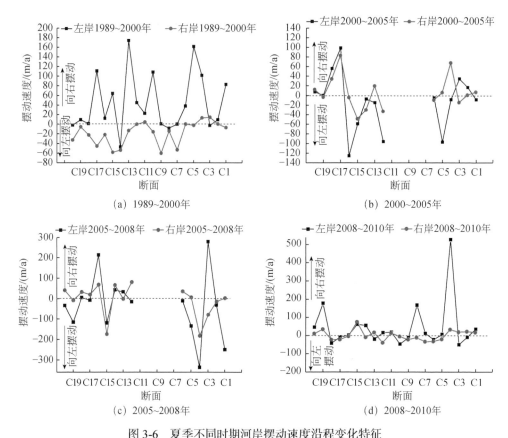

图 3-6　夏季不同时期河岸摆动速度沿程变化特征

2005 年夏季，卫星数据由于云遮挡 C7～C11 五个断面，所以 2000～2005 年和 2005～2008 年图中出现断开

　　2008～2010 年，左岸与右岸均以向右摆动为主，摆动速率分别为 93.6m/a 和 27.2m/a，且左岸向右摆动速率大于右岸向右摆动速率，河岸呈向右偏移趋势，2010 年夏季平均河宽 801.9m，河岸与 2005～2008 年相比呈萎缩趋势。

　　综上所述，四个时期夏季时段，河岸呈现萎缩—扩张—扩张—萎缩趋势，河岸萎缩时呈现向右偏移趋势；河岸扩张时，左岸向左扩张趋势显著。

3.4.2　冬季沿黄两岸摆动幅度、速率及变化趋势

　　黄河冬季河岸的边界界定以冬季冰面所能达到的地方为界，从三个时期冬季河岸最大摆幅、平均摆幅及摆动速度如表 3-7 所示，无论是从最大摆幅还是平均摆幅来看，左岸摆动幅度基本均大于右岸摆动幅度，除 2000～2005 年左岸向左最大和平均摆动幅度较小，左岸的摆动幅度都在 1000m 以上。从最大摆幅上

来看，冬季左岸向左、向右最大摆幅 2419.2m 和 2467.7m，分别出现在 2005～2008 年和 2008～2010 年；右岸的向左、向右最大摆幅出现在 2000～2005 年，分别是 662.5m 和 513.5m。左岸最大摆幅变化规律不明显，右岸向右最大摆幅呈现递减趋势。从平均摆幅来看，左岸向左平均摆幅最大 423.8m，出现在 2005～2008 年；左岸向右平均摆幅最大 512.9m，出现在 2000～2005 年；右岸向左、向右平均摆幅最大分别是 128.9m 和 85.1m，出现在 2000～2005 年；左岸平均摆幅变化规律不明显，右岸向右平均摆幅呈现递减趋势。总体上，冬季河岸以左岸摆动为主，但右岸以向左摆动为主，且三个阶段，摆动幅度呈递减趋势。这就意味着冬季时，河水向左岸的沙漠内部上涨并进而结冰封冻，使得河岸向左扩张。

表 3-7 三个时期冬季河岸最大摆幅、平均摆幅与摆动速度 单位：m

时期/年	指标	左岸		右岸	
		向左	向右	向左	向右
2000～2005	最大摆幅/m	−199.2	2451.6	−662.5	513.5
	平均摆幅/m	−50.6	512.9	−128.9	85.1
	摆动速度/（m/a）	−10.1	102.6	−25.8	17
	断面数/个	7	13	7	13
2005～2008	最大摆幅/m	−2419.2	1605.7	−232.3	62.5
	平均摆幅/m	−423.8	254.3	−60.4	41.5
	摆动速度/（m/a）	−141.3	84.8	−20.1	13.8
	断面数/个	12	8	15	5
2008～2010	最大摆幅/m	−1595.8	2467.7	−554.9	48.1
	平均摆幅/m	−410	361.4	−67.1	20
	摆动速度/（m/a）	−205.0	180.7	−33.6	10.0
	断面数/个	5	15	16	4

三个时期内，随着时间的推移，左岸摆动的最大摆幅和平均摆幅先增加后减小，右岸向右摆动的最大摆幅和平均摆幅逐渐减小，说明左岸的冰面三个时段呈现向右偏移趋势，右岸变化规律不明显。

从摆动速率来看（图 3-7 和表 3-7），2000～2005 年，左岸以向右摆动为主，平均摆动速率 102.6m/a；右岸向左、向右摆动速率较小，通过对摆动速率进行加权可知，河岸以向右摆动为主；2000 年冬季平均河宽 2610.1m，2005 年平均河宽 2278.1m，河岸在 2000～2005 年期间整体呈现萎缩趋势并伴有向右偏移趋势。2005～2008 年，左岸以向左摆动为主，平均摆动速率 141.3m/a；右岸向左、向右摆动速率较小，仍以向左摆动为主，平均摆动速率 20.1m/a；通过各断

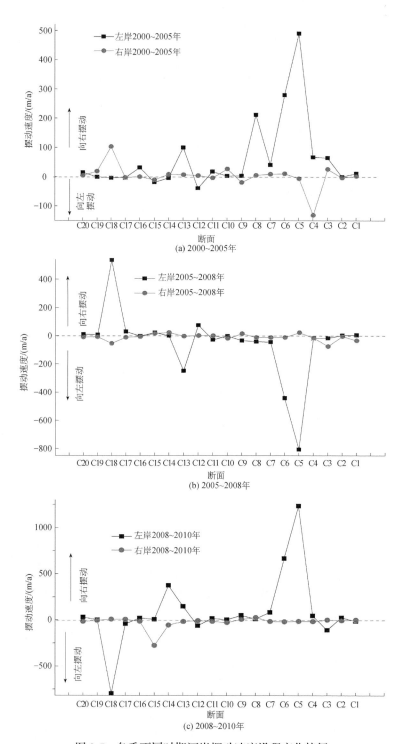

图 3-7　冬季不同时期河岸摆动速度沿程变化特征

面加权平均摆动速率来看，2005～2008 年，冬季河岸以向左摆动为主；2008 年冬季平均河宽 2422.3m，河岸在 2005～2008 年冬季之间整体呈现扩张趋势并伴有向左偏移趋势。2008～2010 年，左岸向左、向右摆动的平均速率分别为 205.0m/a 和 108.7m/a，通过加权后，左岸以向右摆动为主；右岸向左、向右摆动的平均速率 33.6m/a 和 10.0m/a，通过加权后，右岸以向左摆动为主；2010 年冬季平均河宽 2177.1m，河岸呈现萎缩趋势，且伴有向右偏移趋势。对比冬季三个阶段黄河冰面变化趋势呈现萎缩—扩张—萎缩趋势，在萎缩时冰面表现出向右偏移，扩张时表现出向左偏移趋势。

3.4.3　同一年份沿黄两岸水位变动幅度

以夏季汛期河岸为基准，同一年夏季汛期和冬季凌期河岸变化如表 3-8 所示。同一年份中无论最大摆幅还是平均摆幅，与汛期相比较，冬季凌期左右岸分别向同侧方向移动，且左岸向左移动幅度显著大于右岸向右移动距离。这证明了冬季冰封期，由于黄河独特的封河现象，水流减缓，河水向黄河左岸沙漠地区涌入并结冰，致使左岸向左摆动明显，且冬季结冰后的河岸比夏季汛期河岸宽约 3～4 倍。这与野外观测的现象一致。

表 3-8　同一年份河岸最大摆幅、平均摆幅　　　　　单位：m

年份	最大摆幅				平均摆幅			
	左岸向左	左岸向右	右岸向左	右岸向右	左岸向左	左岸向右	右岸向左	右岸向右
2000	−3964.8	—	−70.1	2105.9	−1320.9	—	−70.1	575.3
2005	−1928.9	—	−39.2	2064.6	−904.9	—	−39.2	538.8
2008	−3042.4	341.8	−42.4	2266	−1178.9	183.7	−29.3	581.1
2010	−2914.2	—	−43.6	1852.6	−965.3	—	−25.6	518.7

3.5　河岸摆动速率的影响因素分析

3.5.1　夏季河岸摆动速率与影响因素分析

夏、冬两季平均河宽与当月流量、当年最大流量显著相关（冬季平均河宽与当月流量、年最大流量相关系数 0.97，显著性水平均为 $p=0.01$；夏季平均河宽与当月流量、当年最大流量相关系数均在 0.98 以上，显著性水平均为 $p=0.05$)。黄河乌兰布和沙漠段，年降水量在 150mm 左右，对黄河月流量和年流量的补给影响甚微，因而，该段黄河夏季流量变化与上游各途径区域的降雨汇流有很大关系。为此，对上游途经的主要站点气象站降水量变化率（汛期 6～9月、全年）与黄河两岸加权摆动速率做相关分析，结果显示：右岸摆动速率与汛期降水量变化率、全年降水量变化率相关系数分别为 0.68 和 0.51，极显著相关（ $p=0.01$ ）；左岸、右岸摆动速率存在显著相关系数 0.46，左岸摆动速率与汛期降水量变化率、全年降水量变化率相关性不显著。结果分析与最初的分析一致，水位摆动速率与径流量相关性极显著，引起该段黄河净流量变化的主要是上游地段降雨补给。相关分析结果显示降雨变化率与同期水位摆动速率极显著相关。

3.5.2 冬季河岸摆动速率与影响因素分析

黄河流域冬季受来自西伯利亚季风的影响，气候干燥寒冷，降雨稀少，流量较小。冬季最低气温在 0℃以下。黄河内蒙古段由于水位比降小，河岸弯曲，河水由低纬度流向高纬度，宁蒙段上下游两端纬度相差 5℃左右。冬季气温上游高下游低，封河自下而上。11 月中下旬头道拐附近河段流凌，12 月上旬、中旬封河，而研究河段河面温度较高，河水仍处于流动状态，由于其独特的封河特征，导致黄河在封河时该段水位迅速上升，河水涌向该河段两岸，引起河岸发生变化。而研究区河岸左侧为乌兰布和沙漠，右侧为山前洪积扇，属于硬质梁地。地势西低东高，且西侧地形更有利于水分下渗。与夏季相比冬季左岸水面增幅大于右岸增幅，导致冬季结冰后冰面比夏季洪水期平均水位宽约 3～4 倍，特别是在左岸，黄河水涌入沙漠地区，为河水下渗提供了有利条件。同时这些河冰在春季开河时，因乌兰布和沙漠段率先开河，下游河岸仍然处于结冰期，河水流动缓慢，水位褪去缓慢，每年约在 4 月末至 5 月初才能完全褪去。冬、春两季节黄河水向左岸的扩散-冰封-融化-褪去的缓慢消长过程，使得左岸乌兰布和沙漠边缘土壤水分得到了很好的补给，为春季沙漠植物生长提供了有利条件，对于阻止风沙入黄起到了积极作用。

参 考 文 献

成军锋. 2010. 乌兰布和沙漠及周边地区土地利用与土地覆盖变化研究[D]. 北京：北京林业

大学学位论文.

范小黎, 王随继, 冉立山. 2010. 黄河宁夏河段河道演变及其影响因素分析[J]. 水资源与水工程学报, 21 (1): 5-11.

冯国华, 朝伦巴根, 闫新光. 2008. 黄河内蒙古段冰凌形成机理及凌汛成因分析研究[J]. 水文, 28 (3): 74-76.

何京丽, 郭建英, 邢恩德, 等. 2012. 黄河乌兰布和沙漠段沿岸风沙流结构与沙丘移动规律[J]. 农业工程学报, 28 (17): 71-77.

冀鸿兰, 朝伦巴根, 陈守煜. 2008. 基于模糊识别人工神经网络的冰凌预报模型[J]. 水力发电, 34 (11): 24-26.

贾宝全, 陈利军, 杨维西, 等. 2007. 乌兰布和沙漠地区土地利用动态变化分析[J]. 干旱区研究, (5): 610-617.

李秋艳, 蔡强国, 方海燕. 2012. 黄河宁蒙河段河道演变过程及影响因素研究[J]. 干旱区资源与环境, 26 (2): 68-73.

舒安平, 高静, 李芳华. 2014. 黄河上游沙漠宽谷河段塌岸引起河道横向变化特征[J]. 水科学进展, 25 (1): 77-82.

王随继, 魏全伟, 谭利华, 等. 2009. 山地河流的河相关系及其变化趋势——以怒江、澜沧江和金沙江云南河段为例[J]. 山地学报, 27 (1): 5-13.

王文东, 张芳华, 康志明, 等. 2006. 黄河宁蒙河段凌汛特征及成因分析[J]. 气象, 32 (3): 32-38.

席冬梅. 2007. 基于遥感和 GIS 的内蒙古中西部土地利用动态变化与驱动力分析[D]. 呼和浩特: 内蒙古师范大学学位论文.

颜明, 王随继, 闫云霞, 等. 2013. 近三十年黄河上游冲积河段的河道平面形态变化分析[J]. 干旱区资源与环境, 27 (3): 74-79.

杨根生. 2002. 河道淤积泥沙来源分析及治理对策: 黄河石嘴山—河口镇段[M]. 北京: 海洋出版社.

杨根生, 刘阳宣, 史培军. 1988. 黄河沿岸风成沙入黄沙量估算[J]. 科学通报, (13): 1017-1021.

杨根生, 拓万全, 戴丰年, 等. 2003. 风沙对黄河内蒙古河段河道泥沙淤积的影响[J]. 中国沙漠, 23 (2): 152-159.

杨忠敏, 任宏斌. 2004. 黄河水沙浅析及宁蒙河段冲淤与水沙关系初步研究[J]. 西北水电, (3): 50-55.

杨忠敏, 王毅, 任宏斌. 2006. 黄河上游水沙变化及宁蒙河段冲淤分析[C]. 中国水利学会中国水力发电工程学会中国大坝委员会: 中国水利学会中国水力发电工程学会中国大坝委员会: 1312-1323.

余明辉, 申康, 张俊宏, 等. 2014. 黄河宁蒙河段河道岸滩特性及入黄泥沙来源初步分析[J]. 泥沙研究, (4): 39-43.

战金艳, 邓祥征, 岳天祥, 等. 2004. 内蒙古农牧交错带土地利用变化及其环境效应[J]. 资源科学, 26 (5): 80-88.

张银辉, 罗毅, 刘纪远, 等. 2005. 内蒙古河套灌区土地利用变化及其景观生态效应[J]. 资源科学, 27 (2): 141-146.

Congalton R G, Green K. 1999. Assessing the Accuracy of Remotely Sensed Data: Principles and Practices[M]. Boca Raton: CRC Press.

Congalton R G, Mead R A. 1983. A quantitative method to test for consistency and correctness in photointerpretation[J]. Photogrammetric Engineering and Remote Sensing, 49 (1): 69-74.

Fan X L, Shi C X, Shao W W, et al. 2013. The suspended sediment dynamics in the Inner-Mongolia reaches of the upper Yellow River[J]. Catena, 109: 72-82.

Fan X L, Shi C X, Zhou Y Y, et al. 2012. Sediment rating curves in the Ningxia-Inner Mongolia reaches of the upper Yellow River and their implications[J]. Quaternary International, 282: 152-162.

Jia X P, Wang H B, Xiao J H, et al. 2011. Geochemical elements characteristics and sources of the riverbed sediment in the yellow river's desert channel[J]. Environmental Earth Sciences, 64 (8): 2159-2173.

Paine D P, Kiser J D. 2003. Aerial Photography and Image Interpretation. 2nd. Hoboken: Wiley.

Shu A P, Li F H, Yang K. 2012. Bank-collapse disasters in the wide valley desert reach of the upper Yellow River[J]. Procedia Environmental Sciences, 13: 2451-2457.

Stehman S V, Czaplewski R L. 1998. Design and Analysis for Thematic Map Accuracy Assessment: Fundamental Principles[J]. Remote Sensing of Environment, 64 (3): 331-344.

Ta W Q, Xiao H L, Dong Z B. 2008. Long-term morphodynamic changes of a desert reach of the Yellow River following upstream large reservoirs' operation[J]. Geomorphology, 97 (3): 249-259.

Tortora P, Hanozet G M, Guerritore A, et al. 1978. Selective denaturation of several yeast enzymes by free fatty acids[J]. Biochimica et Biophysica Acta, 525 (2): 297-306.

Wallington E D. 2010. Aerial photography and image interpretation[J]. The Photogrammetric Record, 19 (108): 420-422.

Wang H, Yang Z, Saito Y, et al. 2007. Stepwise decrease of the Hunaghe (Yellow River) sediment load (1950-2005): Impacts of climate change and human activities[J]. Global and Planetary Change., 57 (3-4): 331-354.

Yao Z Y, Ta W Q, Jia X P, et al. 2011. Bank erosion and accretion along the Ningxia-Inner Mongolia reaches of the Yellow River from 1958 to 2008[J]. Geomorphology, 127 (1): 99-106.

第4章

沿黄段不同下垫面降尘粒度特征
及沙物质来源界定

地表沉积物在风力作用下，其机械组成、矿物和化学成分等都会不断发生变化。沉积物不仅记录着风力堆积过程的信息，同时还记录着沙丘、河道泥沙形成发育过程中的沉积环境信息。任何古代和现代的沉积物，都包含它们形成和演化的矿物与地球化学信息，沉积物中各种元素的分布、迁移规律，除受元素本身理化性质而具有不同特性外，还因其在风化、迁移和沉积过程中受气候环境等变化而产生地球化学行为的差异（高为超等，2011），这些条件决定了沉积物中化学元素和化合物的分布及其地球化学特征，据此可以讨论它们的沉积环境及其与环境因素的关系，在分析物源方面都有积极的作用。

沉积物的粒度主要受搬运介质、搬运方式、沉积环境等因素的控制，而这些正是沉积环境研究的重要方面（刘春暖，2008）。沉积物粒度特征作为阐明沉积物来源的重要指标之一，因其测定简单、快速、便于获取和对环境反应敏感等特点，而被广泛应用。近年来，粒度特征研究方法已逐渐成熟。在世界沙海研究中，沉积物粒度特征及其变化总是被作为风沙研究的重要切入点并且效果明显。

粒度分析已成为风沙地貌学研究中的重要手段之一，其主要目的是确定沉积物中大小颗粒的相对含量。根据实验样品特性不同，粒度分析方法主要有筛分法、沉降法、激光粒度仪三种（杨宁宁，2012）。根据样品性质、实验条件等因素，本研究采用激光粒度仪。对于实验数据处理方面，沉积物粒径大小的表示方法，一种是采用真数，颗粒直径以 mm 表示，优点是比较直观。另一种是运用对数（以 2 为基数），以 ϕ 值表示颗粒直径，优点是分界等距，便于统计运算和作图。

$$\phi = -\log_2 d \qquad (4\text{-}1)$$

根据实验仪器输出的测量值，通过数学统计方法并结合 Origin、SPSS 软件，可以得出沉积物粒度直方图、分布百分比和分布频率等，进而探讨沉积物粒度特征，判别沉积物的形成和演化过程。

根据实验输出数据中的分布百分比，统计分析得到沉积物粒度参数，常用的粒度参数主要有平均粒径（M_z）、分选系数（δ）、偏度（S_k）和峰态（K_g），以上参数值能从不同方面反映粒度分布的总体特征。研究多采用 Folk 和 Ward（1957）提出的粒度参数计算公式。

平均粒径（M_z）代表粒度分布的集中趋势，表示沉积物颗粒的粗细程度，反映搬运作用营力的平均动能（刘宇胜，2018），也可用来了解物质来源及沉积环境的变化情况。依据此参数所做的剖面粒度韵律曲线图是研究沉积韵律的基础（蒋明丽，2009），所做的平面等值线图是划分相带和追溯物源的依据之一（奚秀梅，2014）。

标准离差（δ）表示沉积物的分选程度。在研究沉积环境时，标准离差常用于分析沉积环境的动力条件和沉积物的物质来源（奚秀梅，2014）。标准离差值越大，分选越差，标准离差值为零时，说明沉积物是绝对均匀的。自然界根本不存在绝对均匀一致的沉积物，故标准离差值都是大于零的。分选系数也常被用作环境指标，但是大多数人只给出了相对值。沉积物分选程度与沉积环境的水动力条件有密切的关系，通常分选程度按风成—海（湖）滩—河流—洪流—冰川的沉积类型顺序降低，即最坏的分选系数是代表冲积扇和冰渍物等粗粒沉积物，海（湖）滩沙比河流沙分选好，风成沙分选最好（刘伟，2012）。此外，沉积物分选程度还受物源作用的影响。由于相当多沉积物是属于多物源沉积物，不同物源区供应物特征的不同，导致最终沉积物的分选程度存在一定的差异，即使同一物源，由于沉积物特征及动力条件的差异等，也使得沉积物分选程度出现不同。关于分选性好坏的标准，各家所定界线不尽一致。本研究采用 Folk 和 Ward（1957）的分选性等级标准。

偏度（S_k）是用以度量频率曲线的不对称程度，即表示非正态性特征（白世彪，2002）。偏度可以判别分布的对称性，并表明平均值与中值的相对位置（张经国，2013）。如为正偏，则此沉积物的粒度分布为粗偏，即分布中主要粒度集中在粗粒部分（刘轶莹和金秉福，2015）；如为负偏，则沉积物为细偏，即分布中主要粒度集中在细粒部分。用频率曲线对照来看，$S_k=0$，为正态的频率曲线，偏度近于对称，频率曲线为对称状；$S_k > 0$，为正偏态频率，曲线表明尾部在细端，属于正偏；$S_k < 0$，为负偏态曲线，表明尾部在粗端。偏度的数字界限在+1.00～-1.00 之间，实际上，天然沉积物的偏度一般不会超过+0.80 或-0.80。偏度与分选关系比较密切，若频率曲线是对称的，表明该样品分选很好；若频率曲线不对称，表明有外来组分的加入，使分选变差。可见，研究偏度对于了解沉积物的成因有一定的帮助。福克和沃德于 1957 年按照频率曲线对称的性质对偏度作了适当划分（张智群，2018）。

峰态（K_g）也称尖度，是度量粒度分布的尾部和中部展开度的比例。通俗点说，就是当其分布曲线与正态分布曲线相比，可用以衡量其峰的宽窄尖锐程度（马骏，2007）。它是衡量频率曲线尖峰凸起程度的参数。按照 Folk 和 Ward（1957）所建议的峰态公式，正态曲线的 $K_g=1.00$；双峰分布的 K_g 值一般小于1.00，其至低至 0.63；而尖（窄）峰曲线的 K_g 值大于 1.00，其值一般在 1.5～3之间或更大些。一般而言，窄峰态的曲线，其中部较尾部分选性好。低于 0.50的峰态很少见。依据峰态可以判断沉积环境及追溯沉积物物源（奚秀梅，2014）。若沉积物分布曲线是宽峰、马鞍状或多峰曲线，即 K_g 值很低，则表明沉积物没有经过改造直接进入新环境，且新环境对它的改造又不明显（陈玉美，2014）。因此，它代表几种物质（或总体）直接混合而成，若沉积物中出现极端峰态（极高或极低），说明该沉积物中的某些组分已经在之前分选能力较好的环境中得到了很好的分选，然后才被搬运到现在的沉积环境中，并与这里的其他沉积物混合（刘宇胜，2018）。

4.1　样品采集

4.1.1　不同区域粒径取样

在乌兰布和沙漠的磴口至乌海段，设置刘拐沙头、巴音木仁苏木联合嘎查、阎王背选取三条典型样线（图 4-1），分别在沿岸沙丘、黄河河道（枯水期裸露地段）、两岸的河漫滩草地，以及上游河道（石嘴山市惠农区）选取典型样地取样（图 4-2），取样深度 1m，每 20cm 进行分层取样，每层取样 200g，每个类型取样点平行取 3 个样品，带回实验室对所取样品进行粒径分析，通过对样品粒度数据的整理，分析沿黄段不同取样区域的沙粒级配及粒度特征参数，确定河道沙物质来源。

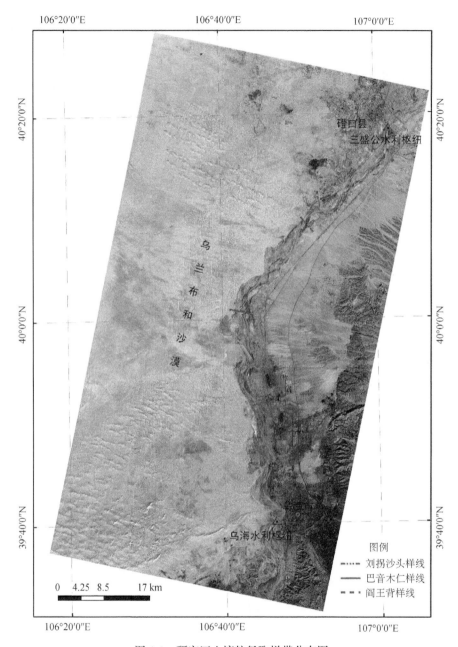

图 4-1　研究区土壤粒径取样带分布图

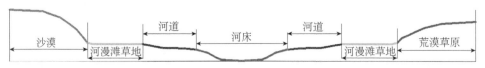

图 4-2　研究区沉积物取样断面示意图

4.1.2　沙丘下风向降尘收集

根据乌兰布和沙漠风沙环境及降尘特点，实验所用降尘缸是直径为 200mm、高 300mm 的圆柱形容器，内衬撑架与沙网，集尘方式为干收集法（陈新闯，2016）。为更好地确定流动沙丘对不同高度降尘的影响，在研究区内选定黄河沿岸最近的两组典型流动沙丘，沙丘迎风坡角度 17°～18°，背风坡角度 32°～33°，沙丘高度皆为 6m，在垂直于沙丘背风坡的中心线上距坡脚 3m、6m、12m、18m、24m、36m、48m 位置处（记为 0.5H、H、2H、3H、4H、6H 和 8H，H 为沙丘高度）分别设置降尘缸，同一位置降尘缸离地高度为 0.5m 和 2m（图 4-3）。

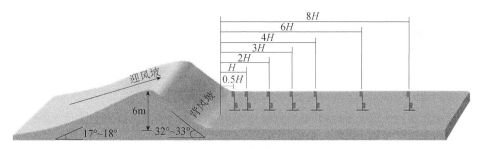

图 4-3　降尘缸布置图

4.2　土壤粒径化验与粒度计算

4.2.1　土壤粒径化验

将收集的风干土过 2mm 筛，去除根系等杂质，然后称取土样 0.8g，加 30% 过氧化氢，去除有机质，加盐酸去除碳酸盐；加超纯水稀释，静置，反复静置直至 pH 为 6.5～7.0（徐萍等，2013）；加入分散剂超声震荡，用激光粒度仪 Mastersizer 2000 测量土壤粒径。每个样品重复 3 次取平均，通过测定获得 0.02～2000μm 的不同粒径土壤的体积分数，共分为 100 个粒径段，即每个土样测量得到 100 个粒径段的体积分数 $V_1, V_2, \cdots, V_{100}$。

采集降尘缸内的降尘物质，在实验室内用筛子除去杂物，自然风干后，用 Malvern Instruments Ltd. 生产的 Mastersizer 2000 激光粒度分析仪测定降尘的粒径。沉积物的粒度参数依据 Folk 和 Ward（1957）的图解算法公式计算，同时，根据 Folk 和 Ward（1957）提出的粒度参数分级标准（表 4-1），探讨降尘的粒度参数特征（张正偲和董治宝，2011）。

表 4-1 研究区土壤粒径分级制

温德华粒度分级			美国农业部制	
粒径名称	粒径/mm	Φ 值	粒径名称	粒径/mm
极粗砂	1～2	0～1	极粗砂粒	1～2
粗砂	0.5～1	1～0	粗砂粒	0.5～1
中砂	0.25～0.5	2～1	中砂粒	0.25～0.5
细砂	0.125～0.25	3～2	细砂粒	0.1～0.25
极细砂	0.063～0.125	4～3	极细砂粒	0.05～0.1
粉砂	0.0039～0.063	8～4	粉粒	0.002～0.05
黏土	<0.0039	＞8	黏粒	<0.002

4.2.2 分级标准及粒度参数计算

沉积物的粒度组成又称为机械组成或颗粒级配，指沉积物中不同粒径大小的颗粒所占的比例，一般以体积百分比表示（颜艳，2015）。不同的沉积环境和沉积动力机制所形成的沉积物一般具有各自不同的粒度组成。因此，依据沉积物的粒度组成可以对沉积物进行命名分类，追溯沉积物来源与方向、成因动力条件及搬运过程或沉积过程的变化等。对于粒级的划分标准，因目的、工作性质的不同而不完全一致。由于研究区内表层沉积物既有沙漠沙又有河道沉积物（图 4-1），依据美国农业部制（USDA）标准划分为砂粒（0.05～2mm）、粉粒（0.002～0.05mm）和黏粒（＜0.002mm）3 级。对砂粒进一步划分为极粗砂（1～2mm）、粗砂（0.5～1mm）、中砂（0.25～0.5mm）、细砂（0.1～0.25mm）、极细砂（0.05～0.1mm）粉粒（0.002～0.05mm）和黏粒（<0.002mm）几个粒级，并分别统计各粒径的体积分数，Φ 值计算分析采用温德华粒度分级，见表 4-1。

降尘的粒度参数依据 Folk 和 Ward（1957）的图解算法公式计算。把粒径值转变成 Φ 值后，图解计算各粒度参数（平均粒径 M_z、分选系数 δ、偏度 S_k 和峰度 K_g），并根据粒度参数分级标准（表 4-2），探讨降尘的粒度参数特征（张正偲和董治宝，2011）。

$$\Phi M_z = \frac{\Phi_{16} + \Phi_{50} + \Phi_{84}}{3} \tag{4-2}$$

$$\delta = \frac{\Phi_{84} - \Phi_{16}}{4} + \frac{\Phi_{95} - \Phi_5}{6.6} \tag{4-3}$$

$$S_k = \frac{\Phi_{16} + \Phi_{84} - 2\Phi_{50}}{2(\Phi_{84} - \Phi_{16})} + \frac{\Phi_5 + \Phi_{95} - 2\Phi_{50}}{2(\Phi_{95} - \Phi_5)} \tag{4-4}$$

$$K_g = \frac{\Phi_{95} - \Phi_5}{2.44(\Phi_{75} - \Phi_{25})} \tag{4-5}$$

式中，Φ_5、Φ_{16}、Φ_{25}、Φ_{50}、Φ_{75}、Φ_{84}、Φ_{95} 分别是累积体积分数为 5%、16%、25%、50%、75%、84%、95% 所对应的粒径；d 为颗粒粒径，单位为 mm。

表 4-2　Folk 和 Ward（1957）粒度参数分级标准

分选系数 δ		偏度 S_k		峰度 K_g	
范围	描述	范围	描述	范围	描述
<0.35	分选极好	−1.0～−0.3	极负偏	<0.67	很宽平
0.35～0.50	分选很好	−0.3～−0.1	负偏	0.67～0.90	宽平
0.50～0.71	分选较好	−0.1～0.1	近对称	0.90～1.11	中等
0.71～1.00	分选中等	0.1～0.3	正偏	1.11～1.56	尖窄
1.00～2.00	分选较差	0.3～1.0	极正偏	1.56～3.0	很尖窄
2.00～4.00	分选很差			>3.0	极尖窄
>4.00	分选极差				

4.3　不同区域粒度特征分析

4.3.1　粒级百分含量

沙漠地表沉积物的粒度组分和沙粒粒度组成可以直观地反映风成沙的主要粒径组及不同粒径组沙粒的相对含量。研究区沉积物粒径级配分析结果（图 4-4）表明：研究区内左岸沙丘以 0.1～0.25mm 的细砂粒为主，占 87.03%；左岸的河漫滩草地以 0.1～0.25mm 的细砂粒为主，占 76.87%；右岸的荒漠草原以 0.1～0.25mm 的细砂粒为主，占 33.93%；河道以 0.002～0.05mm 粉粒为主，占 53.5%～85.0%；右岸的河漫滩草地以 0.002～0.05mm 粉粒为主，占 53.28%。总体来看，研究区左侧河漫滩草地粒径级配与沙丘的粒径级配基本相似，右侧河道与上游河道（惠农区）的粒径级配基本相似，左侧河道的细砂含量比右侧河道及上游河道含量明显增加，分别为 58.4 倍和 19.7 倍；左侧河道极细砂含量比右侧河道及上游河道含量明显增加，分别为 12.3 倍和 7.7 倍；相应地左侧河道的粉粒含量比右侧河道及上游河道含量明显减少，分别减少 37.1%和 32.2%。以上数据表明，受左岸乌兰布和沙漠影响，河道左侧的河漫滩草地的沙物质主要来源于乌兰布和沙漠，且河道左侧的沉积物粒度变粗，其来源于沙漠的沙物质，右侧河道不受乌兰布和沙漠的影响。

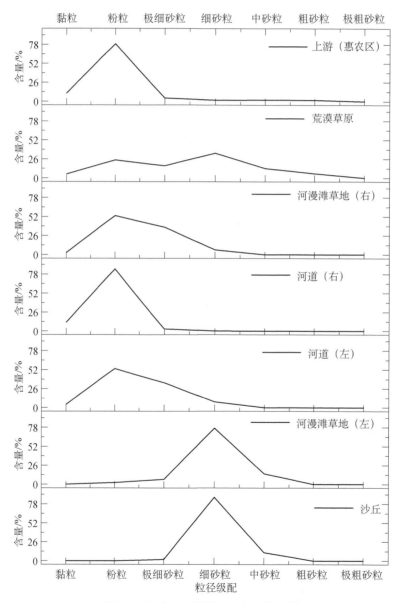

图 4-4 研究区不同类型区沉积物机械组成

通过对研究区刘拐沙头段黄河横断面样品的粒度测试，绘制不同类型区沉积物的频率曲线（图 4-5）。由图 4-4 可见，不同类型地貌沉积物自然分布频率曲线除荒漠草原为双峰型，其他均属单峰型，峰值粒径为 2.2～6.8Φ，其中沙丘的峰值粒径为 2.2Φ，距离沙丘最近的河漫滩草地的峰值粒径为 2.5Φ，二者基本相近且峰型尖锐，分选较好；上游惠农区的河道泥沙与刘拐沙头右侧河道泥沙的峰值粒径均为 6.8Φ，峰型较为平缓且基本相同，河道左侧的泥沙峰值粒径为 4.1Φ，峰型较陡，分选相对较好，其峰值粒径为 2.2Φ～6.8Φ。该区域河道两侧沉积泥沙粒径具有明显的差别，是由于河道两侧风沙环境不同，左侧河道在大风的作用下，有沙丘中的粉砂和极细砂进入。

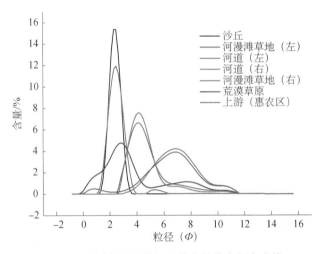

图 4-5　不同类型地貌沉积物自然分布频率曲线

4.3.2　粒度参数特征

根据对研究区内不同地貌类型区粒度数据计算的粒度参数结果发现（图 4-6），黄河刘拐沙头段不同地貌沉积物地表颗粒的平均粒径 M_z 的平均值为 4.44Φ，介于 2.32～6.55Φ 之间，变异较大，数值为 40.4%，其中沙丘与河道左侧河漫滩草地平均粒径值为 2～3Φ（细砂）、荒漠草原平均粒径值为 3～4Φ（极细砂）、其他地貌平均粒径值为 4～8Φ（粉砂），左侧河道的平均粒径为 4.63Φ，明显小于右侧河道平均粒径 6.85Φ 及上游河道平均粒径 6.55Φ；沉积物的分选系数 δ 平均值为 1.40Φ，介于 0.41～2.60Φ 之间，变异较大，数值为 55.1%。其中沙丘颗粒的分选系数为 0.41Φ（分选很好），河道左侧河漫滩草地颗粒分选系数为 0.55Φ

（分选较好），荒漠草原颗粒分选系数为 2.60Φ（分选很差），其他地貌类型颗粒分选系数为 1.00～2.00Φ（分选较差）；沉积物的偏度值 S_k 均值为 0.18，变化范围为−0.04～0.46，变异极大，数值为 12.1%，其中沙丘、河道左侧河漫滩草地、右侧河道、上游河道沉积物颗粒的偏度值为−0.1～0.1（近对称），其他地貌类型颗粒偏度值为 0.3～1.0（极正偏）；地表颗粒的峰态值 K_g 均值为 1.17，变化范围为 0.95～1.47，变异较小，数值为 18.7%，其中沙丘、河道左侧河漫滩草地、右侧河道沉积物颗粒的峰态值为 0.90～1.11（中等），其他地貌类型颗粒峰态值为 1.11～1.56（尖窄）。

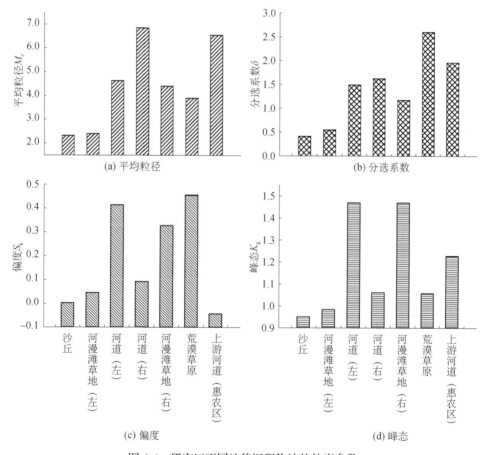

图 4-6　研究区不同地貌沉积物沙粒粒度参数

　　通过对刘拐沙头河道横断面不同地貌类型区沉积物粒度参数分布特征的研究发现：河道两侧沉积物平均粒径由远到近逐步变小，且左侧河道的平均粒径比右侧河道粗；沙丘与河道左侧河漫滩草地沉积物的分选性较好，其他地貌类型区沉积物的分选性较差；沙丘、河道左侧河漫滩草地、右侧河道、上游河道沉积物偏度为近对称分布，其他地貌类型区沉积物颗粒偏度为极正偏分布；沙丘、河道左侧河漫滩草地、右侧河道沉积物颗粒为中等峰态，其他地貌类型区峰态为尖窄。以上研究结果表明尽管研究区不同地貌类型区之间存在巨大差异，但由于风沙环境的影响，相邻地貌类型区之间的沉积物有着较为类似的颗粒分布。

4.3.3   沿黄段沙丘不同部位粒径组成

沙丘表面沙粒的粒度特征反映了作用于沙丘表面的风动力环境（杜鹤强等，2012）。通过对研究区沙丘不同部位采集的沙粒样品进行筛析和计算，得到沙丘各部位沙粒的平均粒径、分选系数、偏度和峰度等粒度参数（表 4-3）。由表 4-3 可知，乌兰布和沙漠沿黄段沙丘主要以细砂为主，粉砂含量极低，不含粗砂。其平均粒径范围为 $2.68 \sim 2.72\varPhi$（$0.15 \sim 0.17$mm）；分选系数为 $0.30 \sim 0.36$，分选情况为好与极好；累计频率曲线偏度系数均为正偏，范围为 $0.02 \sim 0.10$。峰度系数范围为 $0.90 \sim 1.04$，为极窄单峰态。在沙丘的不同部位中，由迎风坡坡脚—迎风坡中部—沙丘顶部—落沙坡—落沙脚，其平均粒径、偏度、峰度为逐渐增加的趋势，风选系数逐渐减小。由于气流吹过沙丘表面时受到床面抬升的影响，在气流通量近似不变的情况下，流速增大，因此沙丘迎风坡基本为侵蚀区，在沙丘的背风坡进行沉积。所以，背风坡的分选性稍好于迎风坡。

表 4-3   沙丘不同部位沙物质粒度参数

沙丘部位	粒度参数			
	平均粒径 M_z（$\varPhi$）	分选系数 δ	偏度 S_k	峰度 K_g
迎风坡坡脚	2.68	0.36	0.02	0.90
迎风坡中部	2.70	0.32	0.07	1.03
沙丘顶部	2.72	0.32	0.09	1.04
落沙坡	2.72	0.30	0.10	0.96
落沙脚	2.72	0.31	0.10	0.98

4.3.4   沿黄段沙丘与沙漠腹地沙丘粒径对比

在风成地貌中，沙物质粒径起着很重要的作用，其组成不但直接反应母岩的性质或颗粒所受外力作用的强弱（何京丽等，2012），而且和风沙搬运量的大小以及搬运方式也有密切关系（刘芳等，2017）。对沙漠腹地210个沙样的统计（图4-7）结果表明：乌兰布和沙漠沙物质粒径以细砂（0.1～0.25mm）为主，占77.41%，其次为极细砂（0.075～0.1mm）占14.08%，中砂和粉砂的含量都较少；由于不同立地条件下地表沙物质的运移情况变化较大，在沙丘顶部粗砂含量明显增加，在沙丘底部细砂与极细砂的含量明显增加，沙丘不同部位的沙物质组成差异极显著（图4-8和表4-4）。其导致占主要比例的细砂质量百分比的标准差较大，为15.53～19.42；粒径分布曲线较为陡峻，说明研究区的沙物质粒径比较均匀；通过对比沿黄段与沙漠腹地沙物质的粒径组成，发现沿黄段沙丘粒径极细砂以下（≤0.1mm）的沙物质粒径组成比沙漠腹地减少8.92%，中砂（＞0.25mm且＜0.5mm）的含量增加6.99%。

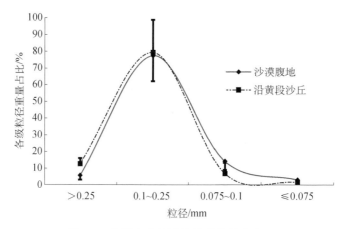

图4-7 乌兰布和沙漠沙物质粒径分布

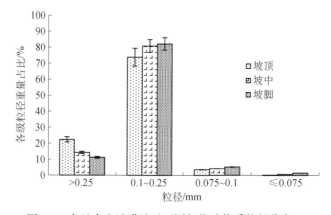

图4-8 乌兰布和沙漠沙丘不同部位沙物质粒径分布

表 4-4　沙丘不同部位沙物质粒径方差分析表

沙物质粒径	df	SS	S^2	F	Sig.
>0.25mm	4	0.018	0.009	62.503	0.000
0.1~0.25mm	4	0.013	0.007	157.378	0.000
0.075~0.1mm	4	0.000	0.000	741.966	0.000
≤0.075mm	4	0.000	0.000	535.267	0.000

4.4　沙丘下风向降尘量空间分布特征及其来源分析

降尘又称"落尘",是指空气动力学当中直径大于 10μm 的固体颗粒物。通过对大气降尘的监测研究,可以正确认识降尘的强度、性质、组成、沉降速率等表象,进而推断其源地、运移路径和方式(李晋昌和董治宝,2010)。

4.4.1　沙丘下风向降尘量的空间分布

由图 4-9 的统计结果可知,采样期间,研究区平均降尘量为 1869.37g/m²,以距离沙丘最近的 0.5H 降尘最高(8196.96g/m²),以距离沙丘最远 8H 处降尘最低(318.47g/m²),前者是后者的 25.7 倍,空间变异系数高达 1.53。因而沙丘背风侧大气降尘含量随远离沙丘而剧烈减少。就高度而言,0.5m 高度降尘(2454.99g/m²)均大于同距离处 2m 降尘量(1283.74g/m²),两者相差 1.91 倍,且随着距离的增加,2m 高降尘的减少量要大于 0.5m 高的降尘量。通过线性分析,降尘与距离存在幂函数递减关系,且 0.5m 高度相关性要好于 2m 高度。乌兰布和沙漠主要以细砂为主,沙尘暴发生后,沙丘风尘流中较大粒径的颗粒一

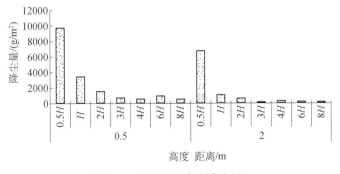

图 4-9　不同距离高度降尘量

般都会在源地及周围地区，依靠颗粒自身的重力作用很快沉降，故在 0.5H 处降尘量最大；因沙尘暴中的尘粒含量与粒径均随高度上升而减小，因而在近地表 0.5m 高处的降尘量高于 2m 处的降尘量。

4.4.2 沙丘下风向降尘粒级含量变化

从距离流动沙丘不同位置处不同高度降尘缸内的降尘含量来看（图 4-10），在流动沙丘背风坡后 8H（48m）内 0.5m 和 2m 高度处降尘均不含粗砂颗粒物，降尘粒径为 50～250μm，以极细砂与细砂为主，二者合计为 80.1%～92.1%。其中，细砂含量在不同位置处的含量为 56.0%～77.5%，极细砂含量为 12.1%～27.2%。随着离开沙丘距离的增加，降尘颗粒物中细砂含量逐渐减少，粉砂、极细砂含量明显增加，而且 0.5m 高度处降尘中粉砂、极细砂含量的增加率明显高于 2m 高度处；细砂含量减小率随距沙丘背风坡脚距离的增加而增大，在 H 处，细砂含量仅下降 4.5%，而到 8H 处，细砂含量下降了 21.5%。降尘中黏粒含量较低，出现在距沙丘较远位置的 6H～8H 之间，这与樊恒文等（2002）研究结果一致。樊恒文等（2002）认为，降尘沉积的粒度特征表现为测点离沙漠越远、固沙时间越长，沉积物粒度越细。

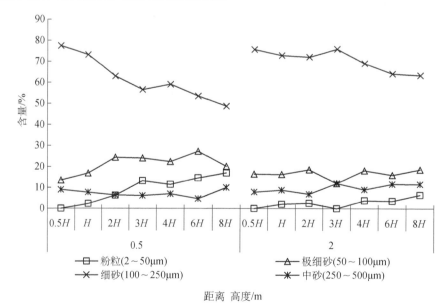

图 4-10　降尘粒级含量

研究表明，大气降尘沉积物主要是以短时悬浮和变性跃移方式搬运的颗粒物为主，且≥500μm 的颗粒主要以蠕移的方式在地表输送（李晋昌和董治宝，2010），70～500μm 的颗粒主要以跃移的方式在近地层一定距离范围内输送，而 <70μm 的颗粒主要以悬移的方式在空气中输送，其中 20～70μm 的颗粒输送距离较近，<20μm 的颗粒输送距离较远。由图 4-11 可知，在沙丘背风坡不同距离处收集到的降尘中≥70μm 的颗粒所占比例最大，<70μm 的颗粒所占比例较小，前者随距离的增大所占比例趋于减小，后者则趋于增大，这一分布特点反映了不同粒径颗粒的输移方式与搬运距离的关系，≥70μm 颗粒量多而搬运距离近，<70μm 颗粒量少而搬运距离远。从降尘收集高度分析，0.5m 高处降尘中跃移颗粒（≥70μm）平均占 87.36%，2m 高处平均占 94.77%；近距离输送的悬移颗粒（20～70μm）0.5m 高处平均占 9.46%，2m 高处平均占 3.26%；远距离输送的悬移颗粒（<20μm）0.5m 高处平均占 2.52%，2m 高处平均占 1.30%。

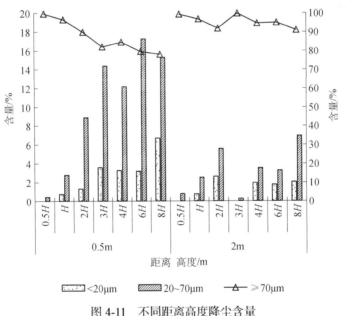

图 4-11　不同距离高度降尘含量

4.4.3　沙丘下风向降尘粒度参数变化

平均粒径表示降尘颗粒的粗细，可以反映出降尘的来源地与来源方式，前者如源于本地沙还是外地沙，后者如源于跃移还是悬移。如图 4-12 所示，0.5H 处 0.5m 高度和 2m 高度处降尘的平均粒径分别为 2.5482Φ 和 2.602Φ，8H 处 0.5m 高处降尘平均粒径明显变细，为 3.036Φ，而 2m 高处降尘平均粒径

（2.676Φ），仅略细于 0.5H 处同一高度的粒径（2.602Φ）。整体上，随着距离的增加，降尘的平均粒径（Φ）逐渐变大，降尘的粒径逐渐变细。就降尘收集高度而言，0.5m 高处降尘的平均粒径随着距沙丘距离的增加而趋于变细，平均粒径由 0.5H 处的 2.548Φ 变为 8H 处的 3.036Φ；2m 高处降尘的平均粒径与 0.5m 高处的平均粒径呈现同样的演变趋势，但其变化较为平稳。比较两个高度上降尘的平均粒径可知，随着距离的增加，0.5m 降尘的平均粒径皆大于 2m 的降尘粒径，即随着高度的增加，降尘粒径变粗。

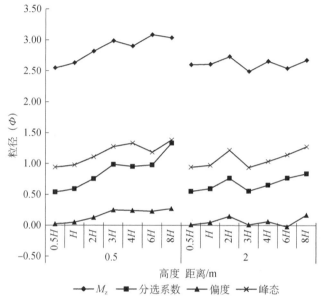

图 4-12 沙丘不同距离不同高度粒度特征图

分选系数反映了降尘粒径的分选程度。由图 4-12 可知，距离流动沙丘越近，降尘分选程度越好，随着与沙丘距离的增加，降尘的分选性由分选较好演变为分选较差。整体上，0.5H、H 不同高度处降尘的分选较好，且 0.5m 高处的分选程度略好于 2m 高处的分选程度，说明在距离沙丘较近的位置高度对降尘的分选系数影响不大。2H、6H 不同高度处降尘的分选中等，且 2m 的分选程度略好于 0.5m 处的分选程度；3H、4H 处 0.5m 降尘的分选中等，2m 降尘的分选较好，而 8H 处 0.5m 和 2m 降尘的分选程度分别表现为较差和中等。

偏度表示降尘颗粒分布的对称程度，随着距沙丘距离的延长，降尘的偏度由近对称逐渐变为正偏（图 4-12）。0.5H、H 处 2 个高度上降尘的偏度均呈近对称，其值分别接近于 0 和 0.05；2H、3H、4H、6H 处 0.5m 降尘的偏度均呈正偏，而 2m 降尘的偏度均呈近对称；8H 降尘在 2 个高度上均呈正偏。降尘在沙丘背风坡后的偏度由对称向正偏的变化趋势表明，随着距沙丘距离的增加，降尘中的细粒成分增多，即极细砂、粉砂和黏粒成分增多，导致偏度增大。

峰度度量的是粒度分布的中部和尾部展形之比，来度量曲线的峰凸程度（张正偲和董治宝，2011）。总体上，不同位置处 0.5m 和 2m 高处降尘的峰度呈现不同的变化趋势（图 4-12）。0.5m 高处降尘的峰态由 0.5H、H 处的中等逐渐变为 2H～8H 处的尖窄，而 2m 高度降尘的峰态在 0.5H～6H 处均为中等且接近于 0，而在 8H 处峰态变为尖窄。

4.4.4 降尘物质来源分析

风蚀物的粒度可以反推风蚀物的来源，< 20μm 的悬移物属于远源物质，20～70μm 的属于区域物质，大于 70μm 的属于局地物质（张正偲和董治宝，2011）。由图 4-13 可看出，乌兰布和沙漠大气降尘绝大多数都是局地物质，区域物质及远源物质很少。在 0.5m 和 2.0m 两个高度上，降尘中的远源物质、区域物质与局地物质含量均与距沙丘背风坡脚的距离遵循 $y=a\ln x+b$ 对数关系。0.5m 高处上远源物质与区域物质均与距离呈显著正相关，相关系数 R^2 分别为 0.8045 和 0.9181，但该高度上局地物质与距离却呈显著负相关，相关系数为 0.9541；但 2m 高度上各物质含量与距离间的相关不显著。沙丘后降尘与沙丘形态、沙丘表面粒度组成以及风速有很大的关系，地表沙粒物质被起沙风吹蚀并搬运，瞬时气流沿沙丘迎风坡加速，使地表沙粒受到的剪切力增大同时加速气流叠加于运移沙粒，沙粒的跃移速度变大、轨迹长度拉长。当沙粒跨过迎风坡到达紧邻沙丘顶部的背风坡时，气流减速分离形成反向涡，并在下风向一定距离内重复，反向涡内风速变低、剪切力大大减少以及反向气流的二次作用导致风沙流挟沙能力降低，致使大量沙粒迅速沉积。一次沙尘暴发生后，风尘流中较大粒径的颗粒一般都会在源地及周围地区很快沉降，而较小粒径的粉尘物则会被送到远处乃至几千公里远的地方（汪季和董智，2005）。< 20μm 和 20～70μm 的降尘物质主要以悬移和短时悬移运动为主，这些物质主要来自于区域外远源的悬移物和区域周边的短时悬移的物质。粒径越小的悬移物其搬运的距离越远，在一定范围内其物质含量也就相应越大，因而其 0.5m 高处物质含量与距沙丘的距离间呈正相关关系。而局地物质的降尘主要以跃移运动为主，随着远离流沙，沙源减少，跃移沙粒含量降低，因而> 70μm 的颗粒含量与距离呈负相关关系。在测定距离范围内，2m 高处均沉降了 91% 以上的> 70μm 的沙粒，而< 70μm 的

物质含量因 2m 处的气流不稳定及回旋气流的存在，使得其在不同距离处的沉降呈波动变化，因而造成各种物质含量与距离的关系不显著。乌兰布和流动沙丘表层 < 70μm 的砂粒含量极少，而沙漠边缘的农田、草地地表 < 70μm 物质含量分别占到总量的 7.35%～67.85%。如果以 70μm 为界，乌兰布和沙漠降尘样品中粒径 > 70μm 的沙粒主要来源该沙丘下垫面沙粒的气流短距离输送；而对于降尘粒径 < 70μm 的沙尘则主要来源于沙漠边缘的荒地、河湖沉积物、农田草地等。

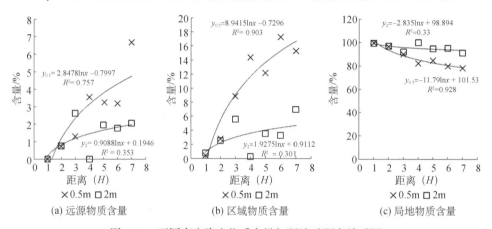

图 4-13　不同高度降尘物质含量与距沙丘距离关系图

参 考 文 献

白世彪. 2002. 柴达木盆地钻孔自然伽马曲线记录的长时段短尺度（千，百年级）古气候变化[D]. 南京：南京师范大学学位论文.

陈新闯. 2016. 乌兰布和沙漠黄河沿岸磴口段风积沙运移过程与规律[D]. 济南：山东农业大学学位论文.

陈玉美. 2014. 南京下蜀黄土磁学特征及环境演变研究[D]. 南京：南京师范大学学位论文.

杜鹤强，薛娴，孙家欢. 2012. 乌兰布和沙漠沿黄河区域下垫面特征及风沙活动观测[J]. 农业工程学报，28（22）：156-165.

樊恒文，肖洪浪，段争虎，等. 2002. 中国沙漠地区降尘特征与影响因素分析[J]. 中国沙漠，22（6）：37-43.

高为超，陈剑杰，贺鑫，等. 2011. 西北某地中更新统黏土层的矿物特征及其古气候指示[J]. 西部探矿工程，23（10）：125-127.

何京丽，郭建英，邢恩德，等. 2012. 黄河乌兰布和沙漠段沿岸风沙流结构与沙丘移动规律[J]. 农业工程学报，28（17）：71-77.

蒋明丽. 2009. 粒度分析及其地质应用[J]. 石油天然气学报，31（1）：161-163.

李晋昌，董治宝. 2010. 大气降尘研究进展及展望[J]. 干旱区资源与环境，24（2）：102-109.

李振全. 2019. 黄河石嘴山至巴彦高勒段风沙入黄量研究[D]. 西安：西安理工大学学位论文.

刘春暖. 2008. 莱州湾东部海区沉积物特征及沉积环境[D]. 烟台：鲁东大学学位论文.

刘芳，郝玉光，辛智鸣，等. 2017. 乌兰布和沙区不同下垫面的土壤风蚀特征[J]. 林业科学，53（3）：128-137.

刘伟. 2012. 南海北部陆坡 MIS5 以来的古环境记录[D]. 北京：中国地质大学学位论文.

刘轶莹，金秉福. 2015. 敦煌鸣沙山砂质组成与结构[J]. 鲁东大学学报（自然科学版），31（1）：84-91.

刘宇胜. 2018. 阿拉善北部戈壁地区新月形沙丘移动规律研究[D]. 呼和浩特：内蒙古农业大学学位论文.

马骏. 2007. 中国海岸横向沙丘表面粒度特征研究[D]. 广州：中山大学学位论文.

王国梁，周生路，赵其国. 2005. 土壤颗粒的体积分形维数及其在土地利用中的应用[J]. 土壤学报，4（4）：545-550.

汪季，董智. 2005. 荒漠绿洲下垫面粒度特征与供尘关系的研究[J]. 水土保持学报，19（6）：11-13，16.

奚秀梅. 2014. 新疆玛纳斯河中游地区土壤水与土壤水库研究[D]. 西安：陕西师范大学学位论文.

徐萍，刘霞，张光灿，等. 2013. 鲁中山区小流域不同土地利用类型的土壤分形及水分入渗特征[J]. 中国水土保持科学，11（5）：89-95.

颜艳. 2015. 黄土洼天然淤地坝百年来洪水沉积物粒度旋回规律与产生量研究[D]. 西安：陕西师范大学学位论文.

杨宁宁. 2012. 察尔汗盐湖周边风沙沉积物粒度和重矿物特征[D]. 西安：陕西师范大学学位论文.

张经国. 2013. 乌梁素海湿地沉积物沉积速率和粒度变化特征及其环境演化研究[D]. 呼和浩特：内蒙古大学学位论文.

张正偲，董治宝. 2011. 腾格里沙漠东南缘春季降尘量和粒度特征[J]. 中国环境科学，31（11）：1789-1794.

张智群. 2018. 长兴岛砂质沉积物沉积特征[D]. 大连：辽宁师范大学学位论文.

Folk R L，Ward W C. 1957. Brazos River bar：a study in the significance of grain size parameters[J]. Journal of Sedimentary Petrology，27（1）：3-26.

第5章
流动沙丘风沙流结构及降尘垂直分布特征

风沙流是气流、砂粒和下垫面三者相互作用的产物，它的发生和发展过程，包括3个相互联系而又相互区别的阶段，即通常所说的吹蚀、搬运和堆积的统一过程，其过程复杂、多变。风沙流结构是指风沙流中沙量在竖直面高度上的分布规律。吴正等科技工作者研究认为，气流搬运的沙量绝大部分（90%）是在离沙质的地表30cm高度内通过（吴正，2003），其中又特别集中分布在0～10cm的气流层内，约占80%。因此，研究者测定了近地表0～60cm高度范围的输沙量，分析该高度范围内风沙流结构。

5.1 沿岸流动沙丘环境下沙量的测定

利用HOBO风速廓线仪、气象站、风沙通量塔、全方位梯度集沙仪对黄河沿岸的流动沙丘的风速流场变化、输沙量进行观测，研究该区域的流动沙丘表面风速分布状况、沙丘不同部位的风沙流结构以及输沙量；同时在沿岸开展风沙悬移质的观测。

1）常规气象指标观测
仪器安置在黄河沿岸的刘拐沙头近河边的平缓开阔地，应用全自动自动记录气象站连续监测研究区内的风速、风向、空气温度、湿度、地温、土壤水分，采样频率1min，每月对记录数据进行导出，作为实验的基本数据，进行长年观测（图5-1）。

图 5-1　全自动气象站

2）风速风向、输沙率、风沙流结构同步观测

风速观测点设在沿黄段的刘拐沙头，选取不同高度的典型地区沙丘进行观测。对沿岸沙丘迎风坡坡脚、迎风坡中部、沙丘顶部、落沙坡与丘间低地进行风速观测（图 5-2）。在对沙丘各部位风速廓线进行观测的同时，在该区域附近选择一处开阔地，作为参照点，进行风速的同步观测（图 5-3）。风速观测 HOBO 气象站，每套风速观测系统配备如下：采集器 H21-001（1 个）、土壤水分传感器 S-SMD-M005（1 个）、温度传感器 S-TMB-M006（1 个）、风速风向传感器 S-WSET-A（1 个）、风速传感器 S-WSA-M003（4 个）；风速采集 10cm、20cm、50cm、100cm 和 200cm 五个高度，水分埋深 10cm、20cm、30cm，地温埋深 10cm，地上温度 50cm、150cm。

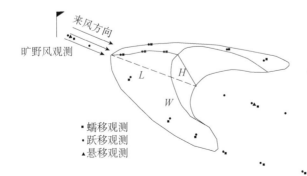

图 5-2　风速、风沙流观测点位布置

图 5-3　风沙流结构、风速、地形、测钎同步观测

在观测风速的过程中，对沙丘各部位的沙粒蠕移量、跃移量和悬移量进行观测。风速观测的频率 5s 记录一个数据；蠕移观测、跃移观测、悬移观测依据风速大小不同，一般控制在 10～30min 收集一次数据。蠕移观测紧贴地表，跃移风沙流观测高度 0～100cm。每次观测时，同时在观测点周围取沙样，测定沙丘表面（0～5cm）土壤含水量，同样方法测定沙丘的积雪、植被盖度（植被残留物盖度）。

3）悬移沙量监测

在河道两岸利用降尘缸和风沙通量塔进行监测（图 5-4）。降尘缸上口距离地面为 2m，上口为圆形，直径 20cm，高度为 35cm。降尘缸在黄河两岸各布设 30 个。通量塔在刘拐子沙头和对岸各布设一个 10m 高的风沙通量塔，通量塔的 1m、2m、3m、4m、5m、6m、8m、10m 处放置降尘缸和水平沙尘采集器，降尘缸的上口为圆形，直径 20cm，高度为 35cm，水平沙尘采集器的进沙口规格为 2cm×5cm，盛沙盒容量为 500g。同时在放沙尘采集器的每一层上放置风速仪，在 2m 和 10m 高度处放置温度计、湿度仪和风向仪，并放置水分传感器和地温传感器监测，监测深度 15cm、30cm。于每年的 2 月、5 月、8 月和 11 月末进行收集，每次收集完降尘量带回实验室对其重量、粒径组成进行分析。

图 5-4　悬移沙物质监测仪器

5.2　起沙风况

5.2.1　风向统计

过对刘拐子沙头自动气象站 2015～2019 年的风向数据统计表明，2015～2019 年的起沙风风向观测可以看出，年际间起沙风风向变化不大，均主要集中在 WNW、W、NW 和 WSW 方向，主要以西风为主，即为西风组；另一方面在 NE、ENE 方向上出现了与西风组相反的东风组。

西风组占年起沙风比率均值为 47.67%，分别为 2015 年 [图 5-5（a）] 49.60%，2016 年 [图 5-5（b）] 42.98%，2017 年 [图 5-5（c）] 48.41%，2018 年 [图 5-5（d）] 45.53%，2019 年 [图 5-5（e）] 51.85%。其中西风组中以 WNW 方向所占比例最高，多年均值 14.02%，与 W 方向（13.24%）、WSW 方向（12.05%）差异较小，NW 方向多年均值在 8.36%，与西风组其他风向风存在较大差异，但起沙风比例还是高于其他风向。东风组以 NE 方向所占比例最高，多年均值为 11.40%，其次是 ENE 方向，多年均值为 9.20%。从各年起沙风方向统计图来看，2016～2019 年在 SSE 方向有个小比例风出现，多年均值为 6.08%。

月起沙风频率呈现明显的波动变化，1～5 月呈快速增加趋势，5 月达到全年最大值 13.53%，6～9 月快速下降，10 月稳定降低到最低点 4.37%，10～11 月略有回升，进入 12 月后，起沙风频率回落至 5.96%，全年内出现 2 个峰值，5 月和 11 月。月起沙风平均风速，1～3 月快速上升，3～7 月处于稳定的高水平时期，6 月达到了最大为 7.7m/s，7～12 月呈波动递减趋势。最大风速在 1～7 月呈递增趋势，7～12 月波动中降低，从误差线可知 3 月、4 月、7 月差异性较大，7 月达到极大值 17.6m/s，7～12 月变化趋势与起沙风平均值变化趋势一致（图 5-6）。

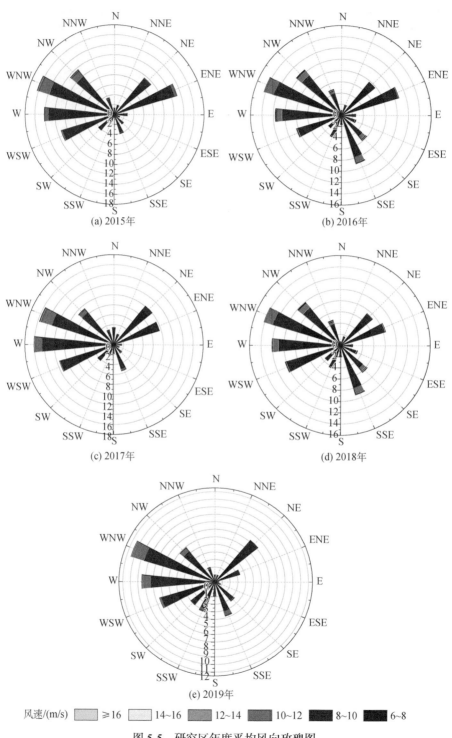

图 5-5 研究区年度平均风向玫瑰图

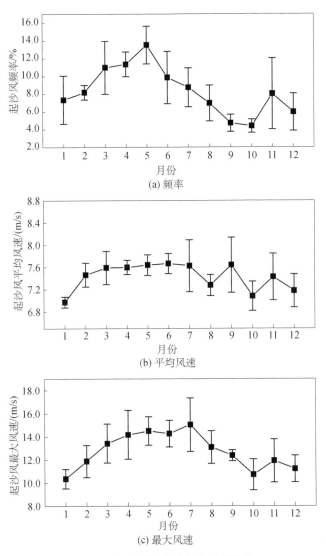

图 5-6　起沙风风速及频率的月变化

5.2.2　起沙风统计

为结合典型沙丘实际测量的验证，研究统计了 2012 年 4 月 8 日至 2013 年 4 月 8 日的气象数据，在风速资料中挑选出 ≥5m/s 的风速数据，统计出 16 个风向风速大于起沙风的风力作用年均持续时间，用百分比表示（表 5-1）。对表 5-1 的进一步分析发现：随着风速的增大，大于起沙风的风力作用持续时间逐渐减小。在风速段上，5.0～5.9m/s 的持续时间最长，占到了总作用时间的 39.60%，其次为 6.0～6.9m/s 的持续时间，占到了总作用时间的 25.87%。在风向上，W 方向与 WNW 方向所占比例最大，分别为 18.95% 与 16.86%，且大于 10m/s 的风速主要以 W 方向与 WNW 方向为主。这说明研究区大于起沙风的风速以 5.0～6.9m/s 为主，风向以 W 方向与 WNW 方向为主。

表 5-1　不同风向大于起沙风的风速年均持续时间　　　单位：%

风向	大于起沙风的风速（m/s）年持续时间									合计
	5.0～5.9	6.0～6.9	7.0～7.9	8.0～8.9	9.0～9.9	10.0～10.9	11.0～11.9	12.0～12.9	13.0～15.0	
N	10.1	2.3	1.3	0.0	0.3	0.0	0.2	0.0	0.0	14.2
NNE	11.9	3.5	3.2	1.0	0.0	0.0	0.0	0.0	0.0	19.6
NE	23.2	18.7	4.9	5.2	1.1	0.0	0.0	0.0	0.0	53.1
ENE	2.3	1.1	1.1	0.0	0.0	0.0	0.0	0.0	0.0	4.5
E	2.8	2.4	0.0	0.0	0.0	0.0	0.0	0.0	0.0	5.2
ESE	4.7	3.8	3.8	0.0	0.0	0.0	0.0	0.0	0.0	12.3
SE	17.2	16.1	16.2	1.9	0.0	0.0	0.0	0.0	0.0	51.4
SSE	93.1	41.0	4.7	3.1	0.8	0.0	0.0	0.0	0.0	142.7
S	7.6	2.0	0.3	0.0	0.0	0.0	0.0	0.0	0.0	9.9
SSW	6.7	0.0	0.0	0.0	0.0	0.0	0.0	0.0	0.0	6.7
SW	7.3	1.9	0.5	1.0	3.2	0.6	0.0	0.0	0.0	14.5
WSW	29.1	21.2	22.2	15.0	9.9	1.1	1.3	0.3	0.0	100.1
W	49.1	42.0	24.7	23.1	10.1	5.9	7.7	5.9	3.7	172.2
WNW	37.9	38.0	33.4	25.8	4.7	6.2	4.9	1.1	1.2	153.2
NW	43.2	29.0	28.6	9.3	6.3	0.8	0.0	1.2	0.0	118.4
NNW	13.8	12.2	4.1	0.0	0.0	0.0	0.0	0.0	0.0	31.0
合计	360	235.2	149	86.3	36.4	14.6	14.1	8.5	4.9	909.0

5.3　沙丘不同部位风速廓线变化

在黄河乌兰布和沙漠刘拐沙头段选取不同高度的三座新月形沙丘，沙丘高度分别为 2.3m、5.2m 和 10.1m，宽度分别为 37.8m、58.4m 和 109.2m，将沙丘按高度变化分别编号为 1#、2#、3#沙丘。分别对三座沙丘的迎风坡坡脚（1#测点）、迎风坡中部（2#测点）、沙丘顶部（3#测点）、落沙坡（4#测点）与背风坡坡脚（5#测点）的风速进行观测（图 5-7），风速测定高度为 20cm、50cm、100cm、150cm 和 200cm，共 5 个高度，风向架设高度为 200cm。

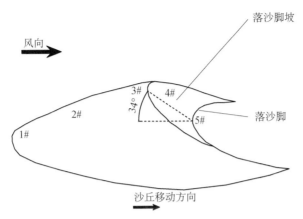

图 5-7　沙丘表面风速观测示意图

5.3.1　沙丘不同部位风速变化与风速流场

对沙丘表面风速流场变化的研究，是建立合理风沙防护体系的根本。3 个沙丘不同部位的风速变化与风速流场如图 5-8 所示。由图可知，3 个不同高度沙丘的风速流场变化趋势一致，即迎风坡风速由坡脚向沙丘顶部呈逐渐增强的趋势，风速流场流线加密，并在丘顶风速达到最大；背风坡风速由丘顶向背风坡脚迅速下降，在背风坡中部形成涡旋，风速降至最低，在背风坡坡脚形成次低区。3 个沙丘的风速为同步测定，但在不同部位风速的变化各不相同。3 个沙丘迎风坡脚的近地表 20cm 风速基本一致，为 6.5m/s，但因沙丘高度不同，使得风速在各部位的分布与变化随着沙丘高度的增加而迅速增大。沙丘 A 迎风坡中部与丘顶 20cm 处的风速分别较迎风坡脚同一高度风速增大 9.6% 与 27.7%，而沙丘 B 与沙丘 C 迎风坡中部和丘顶 20cm 处风速较迎风坡脚同一高度风速增大 24.8%、90.0% 与 56.1%、126.3%。而在背风坡中部与坡脚，沙丘 A、沙丘 B、沙丘 C 近地表 20cm 处风速分别较各沙丘迎风坡脚近地表风速下降 33.9%、12.8%、34.8%、26.9% 和 58.1%、40.3%。显然，随着各沙丘高度的增加，背风坡风速受到沙丘自身高度的遮挡作用的影响，风速明显下降，且沙丘背风坡中部下降幅度大于背风坡坡脚。由风速流场可知，沙丘表面的风场变化与沙丘形态有着密切的关系。由迎风坡坡脚至沙丘顶部，气流受沙丘阻挡作用，随地形抬升风速逐渐增大，到沙丘顶部时达到最大。气流越过沙丘顶部后，地形陡降，气流扩散，在背风坡产生回流涡旋低速区，因此风速得到大幅度减小。自背风坡以下，气流扩散缓慢，并叠加背风坡二次流，其风速逐渐增大。

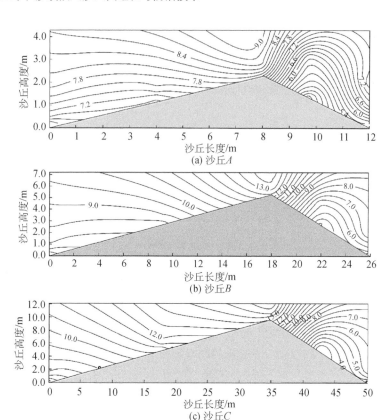

图 5-8　不同高度沙丘的风速流场

5.3.2　沙丘不同部位风速廓线与粗糙度变化

风速廓线表征风速随高度的垂直分布规律，是研究近地表气流特征的重要指标之一。对不同高度沙丘各部位的风速与测定高度的对数值进行拟合，获得沙丘各部位的风速廓线图（图 5-9）。由图可知，沙丘各部位风速的垂直分布遵循对数线性定律，即风速的垂直变化与高度的对数值呈 $V = a\ln(z) + b$ 线性变化规律（图 5-9 和表 5-2）。

风速廓线方程 $V = a\ln(z) + b$ 的斜率 a 反映了风速垂直变化梯度的大小，因沙丘高度不同，使得不同高度沙丘迎风坡、丘顶与背风坡各部位风速的垂直分布变化并不一致。由表可知，不同沙丘各部位风速廓线斜率 a 的变化均表现为由迎风坡坡脚向沙丘顶部风速垂直梯度迅速增加的趋势，表现在风速廓线的斜率由迎风坡脚向沙丘顶部呈减小趋势，而在背风坡又表现为由沙丘顶部向沙丘背风坡坡脚迅速增大的趋势，说明在背风坡由于气流的分离与涡旋作用，使得风速垂直变化梯度增大，斜率变大。

　　由表 5-2 可知，沙丘 A、沙丘 B、沙丘 C 不同部位的摩阻流速与粗糙度也存在差异。对于同一沙丘而言，摩阻流速呈现由迎风坡脚向沙丘顶部逐渐减小的趋势，而在背风坡则又表现为由沙丘顶部向沙丘背风坡脚逐渐减小的趋势；对于不同高度的沙丘而言，摩阻流速在迎风坡的同一部位均呈现随着沙丘高度的增加而增加的趋势，而在背风坡的摩阻流速则表现为沙丘 B > 沙丘 C > 沙丘 A。对于同一沙丘的粗糙度变化而言，粗糙度以沙丘顶部最小，分别向迎风坡脚和背风坡脚增大，且以背风坡中部或坡脚位置最大；而不同高度沙丘同一部位的粗糙度则表现不同，迎风坡脚、背风坡中部和坡脚，粗糙度表现为沙丘 C > 沙丘 B > 沙丘 A，迎风坡中部和沙丘顶部的粗糙度急剧降低，3 个沙丘的粗糙度表现为沙丘 A > 沙丘 B > 沙丘 C。

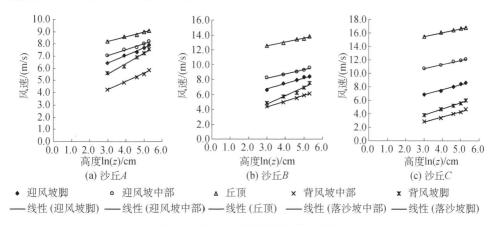

● 迎风坡脚　　○ 迎风坡中部　　△ 丘顶　　× 背风坡中部　　✳ 背风坡脚
—— 线性 (迎风坡脚)　—— 线性 (迎风坡中部)　—— 线性 (丘顶)　—— 线性 (落沙坡中部)　—— 线性 (落沙坡脚)

图 5-9　沙丘表面不同部位风速变化

表 5-2　风速廓线拟合方程

沙丘部位		沙丘 A	沙丘 B	沙丘 C
迎风坡脚	方程	$V=0.6189\ln(z)+4.584$ ($R^2=0.993$)	$V=0.7179\ln(z)+4.608$ ($R^2=0.984$)	$V=0.7453\ln(z)+4.612$ ($R^2=0.990$)
	u_*	0.251	0.306	0.311
	z_0	0.6×10^{-3}	1.6×10^{-3}	2.1×10^{-3}
迎风坡中部	方程	$V=0.4812\ln(z)+5.6009$ ($R^2=0.982$)	$V=0.5488\ln(z)+6.5472$ ($R^2=0.982$)	$V=0.6337\ln(z)+8.7684$ ($R^2=0.995$)
	u_*	0.190	0.197	0.247
	z_0	8.8×10^{-6}	6.6×10^{-6}	9.8×10^{-7}
沙丘顶部	方程	$V=0.3656\ln(z)+7.1309$ ($R^2=0.988$)	$V=0.5203\ln(z)+10.975$ ($R^2=0.981$)	$V=0.5553\ln(z)+11.850$ ($R^2=0.971$)
	u_*	0.152	0.196	0.230
	z_0	3.4×10^{-9}	6.9×10^{-10}	5.4×10^{-10}

沙丘部位		沙丘 A	沙丘 B	沙丘 C
背风坡中部	方程	$V=0.6740\ln(z)+2.2096$ ($R^2=0.992$)	$V=0.7708\ln(z)+2.0005$ ($R^2=0.990$)	$V=0.7736\ln(z)+0.4659$ ($R^2=0.980$)
	u_*	0.262	0.279	0.274
	z_0	3.8×10^{-2}	7.5×10^{-2}	5.6×10^{-1}
背风坡脚	方程	$V=0.8599\ln(z)+2.9279$ ($R^2=0.982$)	$V=1.1334\ln(z)+1.3597$ ($R^2=0.985$)	$V=1.0943\ln(z)+1.4656$ ($R^2=0.965$)
	u_*	0.300	0.403	0.366
	z_0	3.3×10^{-2}	3.0×10^{-1}	2.6×10^{-1}

注：u_* 为摩阻流速（s/m）；z_0 为近地表粗糙度（cm）

5.3.3 沙丘迎风坡不同部位风速加速率变化

在对新月形沙丘表面气流研究过程中，经常引入风速加速率，其表示形式为 $S=u_c/u_f$，其中，S 为风速加速率，u_c 与 u_f 分别为沙丘丘顶与迎风坡坡脚处同一高度的风速。由观测结果可得，迎风坡表面风速在不同高度均有增大趋势（表5-3）。不同高度风速加速率不尽相同，低层 20cm 风速加速率明显高于高层风速加速率（尹瑞平等，2017）。其主要原因是受沙丘地形的影响所致。通过对不同高度沙丘间风速加速率的对比发现，沙丘 A 的风速加速率均较小。由于沙丘 A 较为低矮，气流受地形扰动较小，故迎风坡坡脚处风速与沙丘顶部风速差异较小。3 个不同发育尺度沙丘的风速加速率差异显著，风速加速率也呈加速趋势，其大小依次为沙丘 C > 沙丘 B > 沙丘 A。说明沙丘发育尺度对风速加速率影响显著，即沙丘发育尺度越大，对气流的反馈作用越强，其风速加速率越大（陈新闯，2016）。

表 5-3　新月形沙丘迎风坡不同高度风速加速率

风速高度/cm	沙丘 A	沙丘 B	沙丘 C
20	1.28	1.89	2.26
50	1.22	1.75	2.20
100	1.19	1.74	2.11
150	1.17	1.67	2.07
200	1.15	1.65	1.98

5.4　风沙流运移的基本特征

5.4.1　流动沙丘风沙流结构特征

在 3 座沙丘的迎风坡坡脚、迎风坡坡中和迎风坡坡顶（1#、2#和 3#测点）布设旋转式集沙仪测定输沙量。集沙仪进沙口 50 层，每层进沙口的宽、高为 2cm×2cm。观测时将集沙仪最下部的进沙口与沙面平齐并垂直放置，即可观测 0～100cm 风沙流的输沙量。在不同风速条件下，共进行 30 次野外观测，每次测定时间为 3～30min，采集时将沙样倒入自封袋，按层次编号，带回室内烘干后用百分之一的电子天平进行称量。分层统计各层次输沙量，获得不同沙丘不同部位的风沙流结构，并进而对相对输沙率与高度的关系进行拟合分析，揭示输沙量沿高度梯度的垂直分布规律。

研究结果表明：在沙丘迎风坡坡脚、坡中和沙丘顶部位，不同风速条件下 0～100cm 相对输沙量与高度之间有着良好的幂函数关系，在 0.01 显著性水平上决定系数 R^2 均达到 0.95 以上。0～100cm 高度的输沙量的 81.75% 集中在 0～10cm 内，30cm 以上高程的输沙量平均不足 7%，该结果与吴正（2003）的观测结果基本一致。在 0～10cm 内输沙率并非均匀分布，其主要集中在 0～4cm 内，平均占 60.37%（图 5-10）。在距地高度约 4～5cm 处，沙丘不同部位的相对输沙量有一个交点，即该处为相对输沙量不随高程变化的不变层。

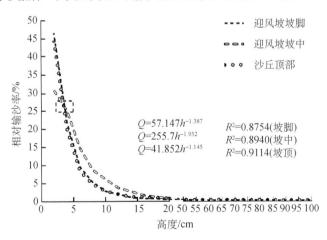

图 5-10　沙丘不同部位近地表风沙流结构变化

5.4.2 流动沙丘输沙率变化特征

临界起沙风速是产生风沙流输沙过程的必要条件。根据研究者长期的实地观测，乌兰布和沙漠沿黄河段天然混合沙的临界起沙风速为 5.0m/s（2m 高度风速）。由于沙丘的落沙坡与落沙脚为风沙堆积区，研究主要针对的是入黄河的风积沙量，因此，只对迎风坡的输沙量（风蚀区的输沙量）进行了观测研究（陈新闯，2016）。

由于沙丘表面粒径分布的差异，当气流携带沙物质从丘间地向沙丘迎风坡输送时，风沙流在丘间地及迎风坡坡脚均不能达到饱和状态，且摩阻起动风速随坡度的变化而变化，根据摩阻风速来计算输沙率则存在一定的问题（杜鹤强等，2012）。因此，本书应用输沙量与距地表 2m 高度风速的关系建立输沙率计算方程。对每次风速与输沙量的同步观测数据进行筛选，将 2m 高度风速大于5.0m/s 的全部筛选出来，并将其 2m 高度风速的平均值作为每次输沙过程的平均风速，将每次观测数据的平均风速与 60cm 高度内集沙仪的输沙量进行多元回归分析，拟合结果如下（表 5-4）。

表 5-4　沙丘不同部位输沙率与风速拟合函数

风速（m/s）	沙丘部位	拟合函数	相关系数（R^2）
	迎风坡坡脚	$q=0.015u^3-0.344u^2+4.558u-17.014$	0.991
$u \geqslant 5.7$	迎风坡坡中	$q=0.022u^3-0.389u^2+5.943u-25.290$	0.989
	沙丘顶部	$q=0.043u^3-0.685u^2+11.216u-50.115$	0.994
	迎风坡坡脚	$q=7.6\times10^{-4}u^{3.594}$	0.863
$5 \leqslant u<5.7$	迎风坡坡中	$q=2.7\times10^{-4}u^{4.670}$	0.867
	沙丘顶部	$q=1.3\times10^{-4}u^{5.248}$	0.854

注：表中 q 表示单宽输沙率（g/cm·min），u 表示 2m 高度处的风速。

由表 5-4 拟合结果可得，当 2m 高度风速大于 5.7m/s 时，研究区输沙率与地表 2m 高度风速存在三次函数关系；当 2m 高度风速为 5～5.7m/s 时，研究区输沙率与地表 2m 高度风速存在幂函数关系。在相同的起沙风速条件下，随着沙丘迎风坡坡面高度的上升，输沙率逐步变大，且风速越大，不同部位的输沙率差距越大（陈新闯，2016）。

5.4.3　沙丘迎风坡不同位置风沙流特征

因本书主要针对的是入黄河的风积沙量，故本书对流动沙丘迎风坡不同部位的输沙量（风蚀区的输沙量）进行了观测研究。沙丘迎风坡各部位输沙率均随高度的增加呈现幂函数递减的趋势，输沙总量上坡中最大，坡顶与坡脚输沙量没有显著差异。且迎风坡坡脚与坡顶在距地高度 $10\sim12cm$ 处，输沙率随高度变化不明显，存在输沙量不变层。

将每次观测数据的平均风速（距地表高度 2m 内大于起沙风速的所有风速的平均值）与 100cm 高度内集沙仪的输沙量进行多元回归分析，建立输沙率计算方程（表 5-5）。研究区输沙率与地表 2m 高度风速存在三次函数关系（陈新闯，2016）。在相同的起沙风速条件下，随着沙丘迎风坡坡面高度的上升，输沙率逐步变大，且风速越大，不同部位的输沙率差距越大。

表 5-5　沙丘不同部位输沙率与风速拟合函数

沙丘部位	拟合函数	相关系数（R^2）
迎风坡坡脚	$q=0.014u^3-0.395u^2+4.998u-18.669$	0.991
迎风坡坡中	$q=0.029u^3-0.760u^2+10.021u-39.768$	0.989
沙丘顶部	$q=0.072u^3-1.862u^2+24.845u-100.18$	0.994

注：q 为单宽输沙率［g/（cm·min）］；u 为 2m 高度处在观测时间段大于起沙风速（5m/s）的所有风速的平均值。

1. 不同下垫面风沙流通量系数

风沙流通量系数用来表征不同下垫面沙尘通量的变化特点（表 5-6），其中，系数 a 的变化能够在某种程度上代表不同下垫面近地表沙尘通量的差异，在裸露地表系数 a 可以表征风沙流中沙粒浓度的最大值或近地表处蠕移输沙量（Dong et al.，2003；哈斯，2004；Dong and Qian，2007）。系数 b 表征了沙尘通量随高度的变化情况，反映其沙粒浓度沿高度的递减率（王洪涛等，2004）。研究表明系数 a 值为 $0.40\sim117.09$，差异性较大，以半固定沙丘最小，耕地最大，说明耕地近地表风沙流的尘粒浓度或蠕移量占了较大的比重。系数 b 值则呈现耕地>流动沙丘>固定沙丘>半固定沙丘，表明沙尘通量高度的递减率依次减少（陈新闯，2016）。风洞实验表明系数 a、b 值随粒径增加值减小（Dong et al.，2003），但在自然条件下，风沙流通量系数与粒径的相关性如表 5-6 所示。系数 a 与<0.05mm 及>0.5mm 粒径含量呈对数函数负相关，在 $0.05\sim0.1mm$ 呈指数函数负相关，在 $0.1\sim0.25mm$ 呈线性正相关，在 $0.25\sim0.5mm$ 间无明显相关性。

系数 b 在<0.1mm 及≥0.5mm 间呈对数函数负相关，且在 0.05～0.1mm 间相关性不明显。在 0.1～0.25mm 呈指数函数正相关，在 0.25～0.5mm 间无明显相关性。由此，系数 a、b 的值均与<0.1mm 的悬移质与≥0.5mm 的蠕移质粒径呈负相关，而与 0.1～0.25mm 的跃移质粒径成正相关，亦即系数 a、b 值小则近地表蠕移粗砂和悬移的尘粒浓度所占比重大，系数 a、b 值大则以跃移成分所占比重大。

表 5-6 风沙流通量系数 a、b、跃移高度与粒径相关性

指标	<0.02mm	0.02～0.05mm	0.05～0.1mm	0.1～0.25mm	0.25～0.5mm	≥0.5mm
a	$y=-0.065\ln(x)$ $+0.2684$	$y=-1.656\ln(x)$ $+7.909$	$y=9.9848e^{-0.015x}$	$y=0.2591x$ $+55.723$	—	$y=-0.487\ln(x)$ $+2.1701$
	$R^2=0.8396$	$R^2=0.8763$	$R^2=0.8661$	$R^2=0.9182$		$R^2=0.9486$
b	$y=-0.185\ln(x)$ $+0.0751$	$y=-4.634\ln(x)$ $+3.0354$	$y=-2.706\ln(x)$ $+6.0646$	$y=52.99e^{0.1941x}$	—	$y=-1.367\ln(x)$ $+0.7349$
	$R^2=0.8221$	$R^2=0.8365$	$R^2=0.556$	$R^2=0.7142$		$R^2=0.911$
跃移高度	$y=0.187\ln(x)$ -0.1766	$y=4.1346\ln(x)$ -2.1187	—	$y=69.149e^{-0.008x}$	$y=0.2132x$ $+19.198$	—
	$R^2=0.988$	$R^2=0.9468$		$R^2=0.8831$	$R^2=0.8622$	

三种下垫面跃移质与蠕移质的比为 2.6～3.7，可见乌兰布和沙漠风沙活动中的沙粒运动以跃移质为主。平均跃移高度可视为反映地表受气流剪切状况的参数（吴正，2003），平均跃移高度被定义为在该高度以上及以下气流搬运相同的沙量，在输沙率累计百分数随高度的变化曲线上对应于 50%的累计百分数（Dong et al.，2003）。在本研究区域流动沙丘跃移高度 3.59cm，半固定沙丘 4.33cm，固定沙丘 2.36cm，草地 41.74cm，耕地 2.41cm。在跃移运动中，沙粒跃移高度与<0.05mm 粒径量呈对数正相关，但在 0.05～0.1mm 则无明显相关性，在 0.1～0.25mm 呈指数函数正相关，在 0.25～0.5mm 呈线性正相关，>0.5mm 无明显相关性。可见 0.1～0.25mm 的粒径含量对于沙物质的跃移高度具有较高的影响力。

2. 不同下垫面风沙流结构特征

依据风沙流结构指标计算可得，流动沙丘、固定沙丘、半固定沙丘、草地、耕地的 λ 值分别为 1.62、0.89、1.19、1.44 和 0.85。流动沙丘的近地表风沙流仍处于非饱和状态，具有继续侵蚀搬运地表沙物质的能力，因而近地表处于侵蚀状态，是冬季风沙活动的主要源地；半固定沙丘的 λ 值接近于 1，应处于弱度风蚀状态。固定沙丘及耕地 λ 值小于 0，近地表风沙流达到饱和或过饱和，造

成地表积沙,此时的输沙量是其固沙能力的反映,这也说明,即使在冬季,梭梭林仍然发挥着其防风固沙的能力,成为冬季固定风沙的重要防线。而且,半固定沙丘上的白刺也能起到降低风蚀的作用,其输沙量仅为流动沙丘的 27.3%。但是实际上在不同风速条件下,λ 势必发生变化,在风速较小时,沙通量贴近地表,风动能较小,易发生堆积,随着风速的增大,风的动能变大,地表容易被风蚀。尤其对于草地,其近地表沙通量相对较少,按照公式应该地表沙粒更容易起动,达到风蚀的效果,但实际草地近地表植被盖度较高,下垫面抗风蚀系数较大,不会产生较严重的风蚀,可见风沙流结构在植被覆盖度高的地方并不能代表风动力情况,也不能反映地表的蚀积情况。

5.5　悬移质的沙量垂直分布

在黄河左岸(乌兰布和沙漠)和黄河右岸(杭锦旗陶思图)设立 10m 风沙通量塔,用于观测黄河两侧风沙悬移质含量及其成分。风沙通量塔观测 1m、2m、3m、4m、5m、6m、8m 和 10m 风沙水平通量和垂直通量。水平通量塔的风沙进口 2cm×5cm,垂直通量观测仪器的风沙进口为半径 10cm 圆形。

从图 5-11 可以看出,冬春季风沙通量沿垂直高度呈现逐渐递减,递减规律显著。而夏秋季节的风沙通量沿垂直高度分布递减规律不明显。

左岸夏秋季 1~10m 垂直降尘 41.60kg/m^2±19.54kg/m^2,水平通量 46.26kg/m^2±7.78kg/m^2;右岸垂直降尘 35.07kg/m^2±12.64kg/m^2,水平通量 54.06kg/m^2±19.20kg/m^2;冬春季左岸垂直降尘 26.23kg/m^2±15.65kg/m^2,水平通量 69.70kg/m^2±6.13kg/m^2;右岸垂直降尘 26.27kg/m^2±4.53kg/m^2,水平通量 94.01kg/m^2±46.77kg/m^2。

风沙通量塔观测到的风沙,总体而言水平风沙通量大于垂直降尘量;可以判断出,沙源附近沙物质在空气中运动以水平运动量大于垂直运动量。不同季节风沙水平通量右岸大于左岸,冬春季大于夏秋季;分析造成左右岸水平通量季节差异的原因是风的动力,冬春季风速大于夏秋季,且冬春季的风向主要是以西风、西北风为主,来风方向及其上游地区均有沙漠分布,沙源丰富,因此,下垫面可以提供更多的沙尘物质进入空中,因而造成其水平通量较夏秋季更为明显,且右岸多于左岸;而夏秋季的风向主要以南风和东风为主,该风向的下垫面主要是耕地和一些硬质梁地、山地和荒漠,沙源较少,因而,地表供沙供尘量较少。

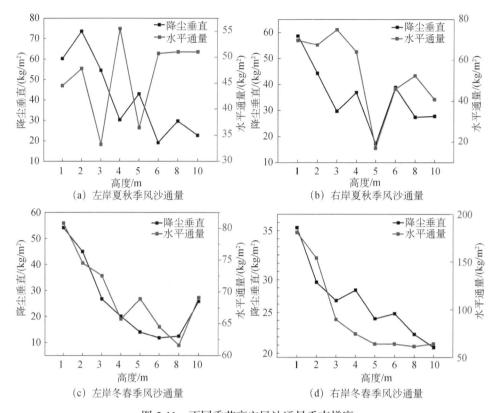

图 5-11 不同季节高空风沙通量垂直梯度

夏秋季: 2014 年 5 月 23 日~2014 年 12 月 18 日; 冬春季: 2014 年 12 月 18 日~2015 年 4 月 14 日

夏秋季节的风沙垂直降尘量左岸大于右岸, 冬春季左右岸风沙垂直降尘差异不明显。夏季起沙风几乎很少, 秋季起沙风较少且风力较小, 沙物质漂移距离较短, 所以离沙源较近的左岸垂直降尘量大于右岸。

针对不同的季节, 拟合风沙的垂直降尘和水平通量垂直分布规律, 结果均表现出对数递减规律, 但左岸水平通量拟合效果不理想(表 5-7)。具体原因还需进一步分析。

表 5-7 不同季节风沙通量垂直分布特征

季节	位置	分布	拟合表达式	
夏季	左岸	垂直降尘	$P(h)=-21.44\ln(h)+70.981$	$R^2=0.6909$
		水平通量	$Q(h)=3.0765\ln(h)+42.047$	$R^2=0.0898$
	右岸	垂直降尘	$P(h)=-12.93\ln(h)+52.79$	$R^2=0.6007$
		水平通量	$Q(h)=-15.39\ln(h)+75.144$	$R^2=0.3685$

续表

季节	位置	分布	拟合表达式	
冬季	左岸	垂直降尘	$P(h)=-17.51\ln(h)+50.225$	$R^2=0.7182$
		水平通量	$Q(h)=-6.963\ln(h)+79.24$	$R^2=0.7385$
	右岸	垂直降尘	$P(h)=-5.773\ln(h)+34.184$	$R^2=0.9337$
		水平通量	$Q(h)=-57.19\ln(h)+172.37$	$R^2=0.858$

参 考 文 献

陈新闯. 2016. 乌兰布和沙漠黄河沿岸磴口段风积沙运移过程与规律[D]. 济南：山东农业大学学位论文.

程皓, 李霞, 侯平, 等. 2007. 塔里木河下游不同覆盖度灌木防风固沙功能野外观测研究[J]. 中国沙漠, 27（6）: 1022-1026.

董智. 2004. 乌兰布和沙漠绿洲农田沙害及其控制机理研究[D]. 北京：北京林业大学学位论文.

杜鹤强, 薛娴, 孙家欢. 2012. 乌兰布和沙漠沿黄河区域下垫面特征及风沙活动观测[J]. 农业工程学报, 28（22）: 156-165.

哈斯. 2004. 腾格里沙漠东南缘沙丘表面风沙流结构变异的初步研究[J]. 科学通报, 49（11）: 1099-1104.

韩致文, 緱倩倩, 杜鹤强, 等. 2012. 新月形沙丘表面100cm高度内风沙流输沙量垂直分布函数分段拟合[J]. 地理科学, 32（7）: 892-897.

何京丽, 郭建英, 邢恩德, 等. 2012. 黄河乌兰布和沙漠段沿岸风沙流结构与沙丘移动规律[J]. 农业工程学报, 28（17）: 71-77.

李钢铁, 贾玉奎, 王永生. 2004. 乌兰布和沙漠风沙流结构的研究[J]. 干旱区资源与环境, 18（S1）: 276-278.

刘芳, 郝玉光, 辛智鸣, 等. 2014. 乌兰布和沙漠东北缘地表风沙流结构特征[J]. 中国沙漠, 34（5）: 1200-1207.

王翠, 李生宇, 雷加强, 等. 2014. 近地表风沙流结构对过渡带不同下垫面的响应[J]. 水土保持学报, 28（3）: 52-56, 71.

王洪涛, 董治宝, 张晓航. 2004. 风沙流中沙粒浓度分布的实验研究[J]. 地球科学进展, 19（5）: 732-735.

王自龙, 赵明, 冯向东, 等. 2009. 民勤绿洲外围不同下垫面条件下风沙流结构的观测研究[J]. 水土保持学报, 23（4）: 72-75, 108.

吴晓旭, 邹学勇, 王仁德, 等. 2011. 毛乌素沙地不同下垫面的风沙运动特征[J]. 中国沙漠, 31（4）: 828-835.

吴正. 2003. 风沙地貌与治沙工程学[M]. 北京：科学出版社: 61-71.

徐军，章尧想，郝玉光，等. 2013. 乌兰布和沙漠流动沙丘风沙流结构的定量研究[J]. 中国农学通报，29（19）：62-66.

尹瑞平，郭建英，董智，等. 2017. 黄河乌兰布和沙漠段沿岸不同高度典型沙丘风沙特征[J]. 水土保持研究，24（5）：157-161.

詹科杰，赵明，杨自辉，等. 2011. 地-气温差对沙尘源区不同下垫面沙尘输运结构的影响[J]. 中国沙漠，33（3）：655-660.

张伟民，王涛，汪万福，等. 2011. 复杂风况条件下戈壁输沙量变化规律的研究[J]. 中国沙漠，31（3）：543-549.

张正偲，董治宝. 2013. 腾格里沙漠东南部野外风沙流观测[J]. 中国沙漠，33（4）：973-980.

Bagnold R A. 1974. The Physics of Blown Sand and Desert Dunes[M]. Dordrecht：Springer.

Dong Z B，Lu J F，Man D Q，et al. 2011. Equations for the near surface mass flux density profile of wind-blown sediments[J]. Earth Surface Processes and Landforms，36（10）：1292-1299.

Dong Z B，Liu X P，Wang H T，et al. 2003. The flux profile of a blowing sand cloud：A wind tunnel investigation[J]. Geomorphology，49（3）：219-230.

Dong Z B，Man D Q，Luo W Y，et al. 2010. Horizontal Aeolian sediment flux in the Minqin area，a major source of Chinese dust storms[J]. Geomorphology，116（1）：58-66.

Dong Z B，Qian G Q. 2007. Characterizing the height profile of the flux of wind-eroded sediment[J]. Environmental Geology，51（5）：835-845.

Mertia R S，Santra P，Kandpal B K. 2010. Mass-height profile and total mass transport of wind eroded aeolian sediments from rangelands of the Indian Thar Desert[J]. Aeolian Research，2（2）：135-142.

第6章
不同治理措施与下垫面风沙运移特征

　　风沙运动规律是防沙治沙、控制沙害的科学依据和理论基础，而风沙流结构研究是风沙运动规律研究中的一个重要组成部分（李钢铁等，2004）。风沙流结构是精确计算总输沙量的基础（李振山和倪晋仁，1998；吴正，2003；Frank and Kocurek，1996），受到国内外学者的关注，并进行了大量的野外观测和实验模拟研究（Bagnold，1941；Chepil，1945；Woodruff and Siddoway，1965；Bisal et al.，1996；Anderson，1986；马世威，1988；张春来等，1999；兹那门斯基，2003；屈建军等，2005a），风沙流结构随高度的增加大致呈指数规律递减（Dong et al.，2003；Liu and Dong，2003；Yang et al.，2006），并受到风速、下垫面的强烈影响（张华等，2002）。尤其是地表设置各种固沙措施后，明显地改变了下垫面的微地形、粗糙度状况，使得风沙流中的含沙量明显减小。已有的固沙措施效果集中于风速降低比、粗糙度（王翔宇等，2008；党晓宏等，2015），输沙量、风沙流结构、凹曲面内蚀积量、风蚀量控制（赵国平等，2008；高永等，2004；屈建军等，2005b；董玉祥等，2010；张登山等，2014）及其对土壤理化性质的改善作用等（王丽英等，2013）。

　　风沙运移受区域下垫面和气候环境影响，各地区存在差异。乌兰布和沙漠东北侧边缘与黄河接壤区域环境条件特殊，该区在灌丛效应、防护林防风固沙效果方面开展了较多的研究，但在沙障固沙方面研究偏少。基于黄河沿岸风沙入黄的防控目的，本章以流动沙丘为对照，针对乌兰布和沙漠沿岸的常见的风沙治理进行风沙观测，对比不同治理措施下的风沙运移特征，分析不同治理措施的防护效果，为沿岸风沙治理提供依据。本章从风沙流结构、粗糙度、风速廓线和风沙治理效果五个方面展开研究，分析不同治理措施下的差异性，为黄河沿岸风沙防治提供参考。

6.1 测 定 方 法

6.1.1 不同固沙措施设计

在研究区内，选择形态相似，高度约 6～8m 的多个沙丘，分别在整个迎风坡铺设沙柳沙障（1m×1m）、麦草沙障（1m×1m）、葵花秆沙障（1m×1m），作为治沙工程措施，同时在乌兰布和沙漠沿黄河的人工梭梭林地、天然白刺灌丛堆、河漫滩草地、疏林地、农田设置观测场地，以流动沙丘作为对照组开展风沙观测试验（图 6-1），观测各立地条件下输沙量和风速变化，分析其风沙流结构及其风速廓线，对主要的治理措施，开展固沙效果评价。

(a) 沙柳沙障样地

(b) 麦草沙障样地

(c) 葵花秆沙障样地

(d) 梭梭林样地

(e) 白刺灌丛样地

(f) 河漫滩草地样地

(g) 疏林地样地

(h) 农田样地

图 6-1 各试验样地及仪器布设

其中，沙柳沙障规格 1m×1m，障高 30cm，埋深 30cm，孔隙度 40%；麦草沙障规格 1m×1m，沙障高度 25cm；葵花秆沙障规格 1m×1m，障高 30cm，埋深 30cm，孔隙度 50%；梭梭林 2008 年造林，株行距 1.5m×2.0m，平均株高 2.5m，覆盖度约 30%；白刺灌丛沙堆高度 1.5～2.5m，白刺平均高度 60cm，覆盖度 45%；河漫滩草地，一年生和多年生杂草，平均植被高度 45cm，盖度 40%；疏林地为柳树、杨树，20 世纪 80 年代造林，分片残存林，平均树高 7.5m，盖度不足 10%；农田，土壤类型风沙土，乌兰布和沙漠沿黄河段推平开垦，风蚀观测以前进行翻耕，土块大小为 12cm×8cm×10cm（表 6-1）。

表 6-1 各观测样地关键参数指标

样地类型	主要措施参数
沙柳沙障	沙障高度 30cm，孔隙度 50%，1m×1m
麦草沙障	沙障高度 25cm，1m×1m
葵花秆沙障	沙障高度 30cm，孔隙度 50%，1m×1m
梭梭林	株行距 1.5m×2m，高度 2.5m，盖度 30%

续表

样地类型	主要措施参数
白刺灌丛	灌丛高度60cm，盖度45%
河漫滩草地	植被高度45cm，盖度40%
疏林地	平均树高7.5m，盖度10%
农田	风沙土，翻耕，平均土块大小为12cm×8cm×10cm

6.1.2 不同土地利用/覆被条件下风速廓线与输沙量测定

在风沙活动强烈期的典型大风日，分别在沙柳沙障、麦草沙障、葵花秆沙障3种工程固沙措施的沙面上（沙障内仪器设置在沙障的中部）和流沙、白刺沙堆、梭梭林、农田、草地和疏林地6种下垫面，布设30cm高的旋转集沙仪和100cm高的立式集沙仪收集输沙量，集沙仪底部与沙面齐平。其中旋转集沙仪的进沙口为2cm×2cm，左右交替排列；立式集沙仪层内进沙口为2cm×2cm。根据风速大小每次集沙时间控制在20～30min，取3组沙量的平均值作为1次记录数据。每次观测结束后，将集沙仪收集的沙物质分层称重。同步，在上述区域分别布设1个HOBO气象站，测定20cm、50cm、100cm、150cm和200cm这5个高度处的风速及200cm的风向，风速仪采样频率10s，记录时间与集沙时间同步。测定完成后，取不同高度的风速值，利用对数廓线法计算各试验地的风速廓线、摩阻流速及粗糙度。

依据动力学粗糙度计算中最常用的最小二乘逼近实测风速廓线法（简称对数廓线法），采用各试验区HOBO气象站的5个高度的风速模拟风速廓线方程，计算摩阻流速与粗糙度，各公式为

$$u_z = b + a\ln z \tag{6-1}$$

式中，u_z 为 z 高度处风速；a、b 为回归系数。

令式（6-1）中 $u_z = 0$ 可求出粗糙度：

$$Z_0 = \exp\frac{-b}{a} \tag{6-2}$$

将式（6-1）代入普朗特-冯卡曼的速度对数分布规律公式：

$$u_z = \frac{u_*}{\kappa}\ln\frac{z}{z_0} \tag{6-3}$$

式中，u_z 同式（6-1）；u_* 为摩阻速度（friction velocity）；κ 为冯卡曼常数（0.4）；z_0 为空气动力学粗糙度。

式（6-1）和式（6-3）结合得到

$$u_* = \kappa a \qquad\qquad (6\text{-}4)$$

6.2　不同治理措施下沙丘表面风速廓线函数及粗糙度

地表粗糙度是影响风沙流结构的重要原因之一，在研究期间大气层结构呈中性，能够影响地表粗糙度的只有下垫面凸起状况。在研究区测定流沙、沙柳沙障、麦草沙障、葵花秆沙障和梭梭林 0～2m 范围的风速，利用最小二乘法将风速廓线测定结果做相关分析，并进行风速廓线回归分析，得到了不同措施风速廓线的回归方程（表 6-2）。从计算结果可以看出，不同治理措施条件下风速廓线随高度遵循对数分布规律，拟合相关系数均达到 0.85 以上，拟合效果较好（表 6-2）。计算空气动力学粗糙度后发现：在改变近地表凸起状况后，其地表粗糙度呈现不同程度的增加，有效地改变近地表的风速垂直分布特征，降低近地表风速，进而改善近地表蚀积状况。

表 6-2　不治理条件下风速廓线及粗糙度

不同下垫面	回归方程	Z_0/cm	u_*
流沙	$u=0.83\times\ln(z)+6.15$　$R^2=0.88$	6.05×10^{-2}	0.332
沙柳沙障	$u=1.74\times\ln(z)+5.07$　$R^2=0.95$	5.43	0.696
麦草沙障	$u=2.12\times\ln(z)+5.02$　$R^2=0.94$	9.37	0.848
葵花秆沙障	$u=2.25\times\ln(z)+5.08$　$R^2=0.99$	10.4	0.901
梭梭林	$u=4.18\times\ln(z+1.40)+0.42$　$R^2=0.99$	90.4	1.672
白刺灌丛	$u=0.6348\times\ln(z)+3.35$　$R^2=0.98$	0.51	0.254
农田	$u=0.9204\times\ln(z)+3.75$　$R^2=0.97$	1.70	0.368
草地	$u=0.6387\times\ln(z)+2.99$　$R^2=0.98$	0.93	0.255
疏林地	$u=0.4476\times\ln(z)+2.98$　$R^2=0.91$	0.13	0.179

通过野外实验测定，得出了地表粗糙度对几种治理措施的响应情况：在未采取任何措施的裸沙丘上，地表粗糙度为 0.0605cm，与高永等（2004）在毛乌素沙地测定的流沙表面粗糙度在同一数量级上，而与夏建新等（2007）在风洞中研究的光滑沙床表面粗糙度并不在同一个数量级上，表明野外观测与风洞模拟粗糙度的测定还存在一定的差异性。在采取措施后，地表粗糙度都有不同程度的增加，其中铺设沙柳沙障后，地表粗糙度为 2.85cm，是流沙地表粗糙度的 47 倍。在铺设麦草沙障后，地表粗糙度为 9.37cm，是流沙地表粗糙度的

155 倍之多，而梭梭林地表粗糙度为 90.4cm，相比流沙增加最为明显。由此可以看出，梭梭林在增加地表粗糙度方面最为有效。在实际防风固沙工作中，由于环境恶劣、水资源匮乏、管理维护不便等原因，植被固沙往往与成本低、见效快的工程沙障相结合，在防风固沙方面具有独到的作用。农田的粗糙度为1.7cm，该地区的农田大多是滩涂用地改造和沙区灌溉农田，一般在 5 月末才进行播种，播种前农田是留茬，播种前 1 个月进行翻耕，由于是灌溉农田，土壤水分均在 4%含水量，且翻耕后大多为土块，所以地表粗糙度较大。白刺灌丛样地均为天然白刺灌丛堆，堆高约为 2～5m 不等，但是白刺的分布较为稀疏且白刺灌丛之间的狭管效应较强，所以白刺群落的地表粗糙度为 0.51cm。草地的地表粗糙度为 0.93cm，这与草地中生存有多年生草本植物有关，该地区较少有人为干扰，草本植物即使处于干枯后地表仍有残存，故可增强地表的粗糙度，因而处于较高的水平。疏林地主要分布于河岸两侧，为 20 世纪的防护林，由于河岸风沙危害，保存率较低，分布较为零散，地表粗糙度为0.13cm。地表粗糙度的观测主要集中在地表 2m 之内，较为高大的疏林地，对减弱风速有一定的效果，但近地表的流沙区的防护还要以灌木和多年生的草本为基础。

风速廓线表征风速随高度分布规律，是研究近地表气流特征的重要指标之一（图 6-2）。因沙丘表面设置的沙障类型不同，使得近地表风速分布与粗糙状况存在差异（表 6-2）。由表 6-2 可知，流沙、沙柳沙障、麦草沙障、葵花秆沙障 0～2m 内的风速廓线都遵循对数线性方程，回归系数以葵花秆沙障的最高，其地面粗糙度最大，其数值为流沙粗糙度的 171 倍，摩阻流速也较流沙提高 2.7倍。麦草方格、沙柳方格沙障的粗糙度和摩阻流速分别较流沙增大 154 倍、89倍和 2.5 倍、2.0 倍。但梭梭林的风速廓线随高度的变化却不再遵循简单的对数分布规律，其结构式发生变化，风速廓线相应地发生位移，向上抬升到植被的一定高度之上。由以上分析可知，不同下垫面条件对风速的垂直分布产生明显的影响。与流沙相比，在流沙表面设置沙障和生长植物后，改变了近地表的风速垂直分布特征，有效降低了近地表的风速，增大了近地表粗糙度，进而影响到近地表的蚀积状况。不同下垫面的摩阻速度与流沙相比较也呈现增加趋势，与粗糙度之间存在良好的正相关关系。

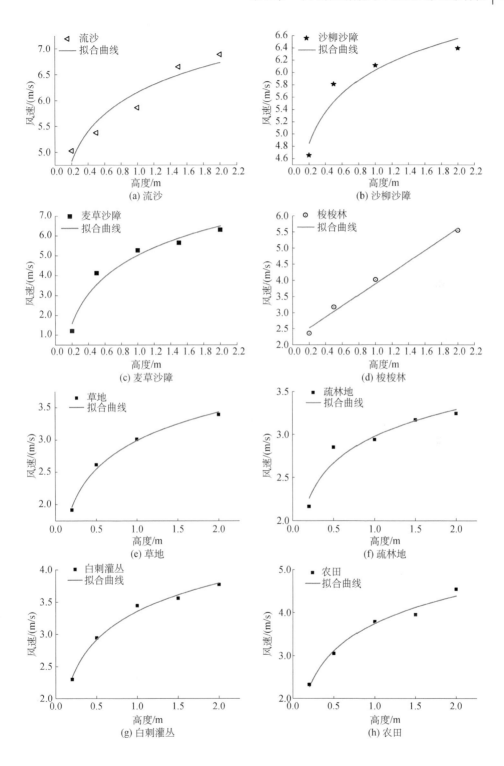

(a) 流沙　　　　　　　　　　　　　(b) 沙柳沙障

(c) 麦草沙障　　　　　　　　　　　(d) 梭梭林

(e) 草地　　　　　　　　　　　　　(f) 疏林地

(g) 白刺灌丛　　　　　　　　　　　(h) 农田

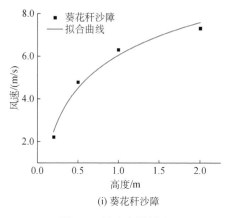

(i) 葵花秆沙障

图 6-2　风速廓线拟合

6.2.1　100cm 内流沙的风沙流结构

在 0～100cm 范围内，输沙量分布随高度增加呈现对数线性递减的趋势，其分布模式符合方程 $y=-3.102\ln(x)+12.452$（$R^2=0.76$）。就各层输沙量的累计比例而言，0～100cm 层内，90%的沙量集中在 0～10cm 层内；0～30cm 高度内输沙量达到 98%，这一结果与吴正等的观测结果相一致（图 6-3）。基于该区

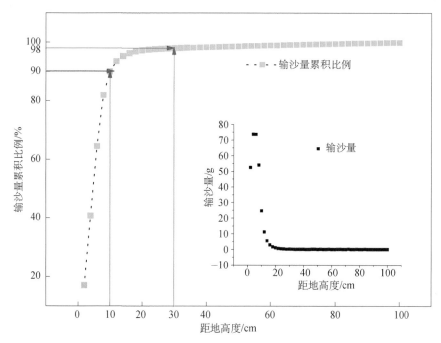

图 6-3　流沙 0～100cm 范围内输沙量及其累计比例含量分布图

风沙随高度的此种变化趋势，主要采用旋转集沙仪收集了 0～30cm 范围内的沙量。

6.2.2 近地表 30cm 内的风沙流结构

由表 6-3 可知，随风速的增加，流沙的输沙量显著增加，而各治理措施的输沙量增加相对较小；在同一风速下，不同措施按麦草沙障、沙柳沙障、梭梭林和葵花秆沙障的输沙量依次减少。不同风速下，同一措施随着风速的增大，其输沙量与输沙率均呈现增大趋势。

表 6-3 不同措施下输沙情况对比

风速 /（m/s）	收集时间	输沙	不同措施				对照
			沙柳沙障	麦草沙障	葵花秆沙障	梭梭林	流动沙丘
5.93	30min	输沙量/g	2.24	2.11	1.00	1.62	5.87
		输沙率/[g/（min · cm²）]	$1.24×10^{-3}$	$1.17×10^{-3}$	$0.56×10^{-4}$	$0.90×10^{-3}$	$3.26×10^{-3}$
7.19	30min	输沙量/g	3.83	10.86	1.66	2.31	56.28
		输沙率/[g/（min · cm²）]	$2.13×10^{-3}$	$6.03×10^{-3}$	$0.92×10^{-3}$	$1.28×10^{-3}$	$3.127×10^{-2}$
7.57	20min	输沙量/g	2.63	7.87	1.52	2.48	58.90
		输沙率/[g/（min · cm²）]	$2.19×10^{-3}$	$6.56×10^{-3}$	$1.27×10^{-3}$	$2.07×10^{-3}$	$4.908×10^{-2}$

风速为 5.93m/s 时，不同措施情况下的地表（0～30cm）输沙率与流沙相比有明显减小趋势，沙柳沙障和麦草沙障基本相同，输沙率为流沙的 38.04% 和 35.89%，梭梭林输沙率为流沙的 27.61%，葵花秆沙障最低，基本为流沙的 1.72%。风速为 7.19m/s 时，沙柳沙障、麦草沙障、梭梭林和葵花秆沙障的输沙率分别为流沙的 6.81%、19.29%、4.09% 和 2.94%，差异较为显著。当风速达到 7.57m/s 时，沙柳沙障、麦草沙障、梭梭林和葵花秆沙障的输沙率分别为流沙的 4.46%、13.37%、4.22% 和 2.59%，与流沙相比有明显减小趋势。总体上，4 种措施均能很好地控制近地表的风沙活动，其输沙率仅为流沙输沙率的 1.72%～38.04%，4 种措施的输沙率总体上表现为梭梭林<葵花秆沙障<沙柳沙障<麦草沙障。

对不同风速下各种治理措施下输沙率垂直分布进行函数拟合，结果表明，流沙上输沙率随高度呈现很好的指数关系（R^2=0.9045）。随着风速增加，流沙上输沙率呈对数关系相关性有降低趋势。与流沙相比较，沙柳沙障、梭梭林、麦草沙障和葵花秆沙障的输沙率垂直分布规律依次减弱，且随风速增加相关性逐渐减弱（表6-4）。

表6-4　不同措施输沙率垂直分布规律　　　单位：$g/(min \cdot cm^2)$

风速/(m/s)	沙柳沙障	麦草沙障	葵花秆沙障	梭梭林	流动沙丘
5.93	$q=0.004\ln h+0.0097$ $R^2=0.8393$	$q=0.0073e^{-0.025h}$ $R^2=0.5698$	$q=0.001e^{-0.018h}$ $R^2=0.0482$	$q=0.0037h-0.735$ $R^2=0.7208$	$q=0.1682e^{-0.353h}$ $R^2=0.9045$
7.19	$y=-0.0004\ln h+0.0018$ $R^2=0.3915$	$y=0.0071e^{-0.011h}$ $R^2=0.117$	$y=0.00005h+0.0012$ $R^2=0.0202$	$y=-0.002\ln h+0.0065$ $R^2=0.7471$	$y=0.4861h^{-2.023}$ $R^2=0.9382$
7.57	$q=0.001\ln h+0.0039$ $R^2=0.6947$	$q=0.0006\ln h$ $+0.0022$ $R^2=0.3239$	$q=0.0002h^{0.4011}$ $R^2=0.2877$	$q=0.0004\ln h+0.0016$ $R^2=0.592$	$q=0.004\ln h$ $+0.0114$ $R^2=0.6588$

与流沙的相对输沙率相比较，0～2cm沙柳沙障、麦草沙障、葵花秆沙障相对输沙率均小于流沙，随着风速增加梭梭林0～2cm的输沙率略大于流沙。在2～4cm范围，流沙的相对输沙率随风速变化保持相对稳定的比例，约为16.70%～27%；各种措施的相对输沙率均小于流沙，且各措施的相对输沙率随风速的变化并不稳定，而是呈现出较大的变化。在4～30cm层内，不同措施的相对输沙率均高于流沙的相对输沙率。从相对输沙率随风速的增大呈现的变化趋势来看，流沙、麦草沙障和沙柳沙障随风速的增大，下层（0～2cm）的相对输沙率减小，而中层和上层的相对输沙量增大；梭梭林和葵花秆沙障却相反，下层的相对输沙率增大，而上层的相对输沙率却减小（表6-5）。

表6-5　不同措施相对输沙率百分比垂直分布

风速/(m/s)	高度/cm	不同措施输沙率比例/%				
		沙柳沙障	麦草沙障	葵花秆沙障	梭梭林	流动沙丘
5.93	0～2	29.91	22.09	1.00	11.11	34.58
	2～4	8.48	5.23	6.00	14.20	16.70
	4～30	61.61	72.68	93.00	74.69	48.72
7.19	0～2	22.19	8.20	4.82	34.20	27.33
	2～4	11.33	6.54	6.63	12.99	26.90
	4～30	66.48	85.27	88.55	52.81	45.77
7.57	0～2	13.53	6.61	7.89	28.23	24.97
	2～4	9.77	6.99	5.92	16.13	22.55
	4～30	76.69	86.40	86.18	55.65	52.48

6.3　主要措施实施后的固沙效果

对不同治理措施下的风沙流的风速进行三次测定，分别统计各阶段风速的分布及大于起沙风的平均风速和整个时段的平均风速，具体情况如表 6-6 所示。

表 6-6　三次输沙量测定风速特征

风速	第一次测量（30min）		第二次测量（20min）		第三次测量（30min）	
	次数	频数%	次数	频数%	次数	频数%
3～4	4	2.15	0	0	14	7.53
4～5	18	9.68	3	2.38	44	23.66
5～6	34	18.28	15	11.90	76	40.86
6～7	42	22.58	27	21.43	33	17.74
7～8	35	18.82	31	24.60	11	5.91
8～9	33	17.74	28	22.22	4	2.15
9～10	13	6.99	16	12.70	0	0
10～11	4	2.15	6	4.76	0	0
11～12	3	1.61	0	0	0	0
12～13	0	0	0	0	0	0
V_{ave}/V'_{ave}	6.9/7.19		7.48/7.57		5.32/5.93	
V_{max}	11.33		10.58		8.81	

注：V_{ave} 表示测定时间内的平均风速；V'_{ave} 表示大于起沙风（5m/s）的平均风速；V_{max} 表示测定时间内的最大风速。风速的采样频率为 1Hz，数据的记录周期 10s。

从表中可以知道，三次测定中，大于起沙风速的所占比例均很高，通过计算大于起沙风速的有效风速，求取大于起沙风的平均风速 V'_{ave} 作为自变量，以单位时间单位面积通过沙量 q 为因变量，建立流沙上的输沙量公式：

$$q = 0.0002V'^3_{ave} - 0.035 \quad R^2 = 0.9982 \tag{6-5}$$

式中，q 为输沙量，g/(min·cm²)；V'_{ave} 大于起沙风的平均风速，m/s。

当然，在测定中如果起沙风占 80% 以上，直接利用每次测定的整个时间段的风速平均值代替大于起沙风的平均值也能很好地去计算输沙量。

本章中计算了整个时间段的平均风速建立与输沙量 q 的关系式：

$$q = 0.0002V'^3_{ave} - 0.0194 \quad R^2 = 0.9994 \tag{6-6}$$

结果与大于起沙风的平均风速 V'_{ave} 拟合结果相似，相关系数也在 0.9 以上。

若在测定中如果起沙风占80%以上，无法获取整个时间段大于起沙风的平均风速时，直接用平均风速代替拟合。

同理，可获得沙柳沙障、麦草沙障、葵花秆沙障以及梭梭林的输沙量与大于起沙风速的平均风速间的拟合关系。

沙柳沙障： $\quad q = 5 \times 10^{-6} V_{ave}'^3 - 0.0003 \quad R^2 = 0.3659$ （6-7）

麦草沙障： $\quad q = 2 \times 10^{-5} V_{ave}'^3 - 0.0028 \quad R^2 = 0.9067$ （6-8）

葵花秆沙障： $\quad q = 2 \times 10^{-6} V_{ave}'^3 - 0.0004 \quad R^2 = 0.925$ （6-9）

梭梭林： $\quad q = 3 \times 10^{-6} V_{ave}'^3 - 0.0007 \quad R^2 = 0.6399$ （6-10）

基于以上观测与研究结果，以上述流沙风沙流作为对照，以梭梭林作为植物治沙措施的典型代表，以沙柳沙障、麦草沙障、葵花秆沙障作为工程治沙措施的典型代表，分析植物措施、工程措施的防沙固沙效果（表6-7）。

表 6-7　不同治沙措施下防护效果

w_j	ck_i	沙柳沙障		麦草沙障		葵花秆沙障		梭梭林	
		te_{1j}	ef_{1j}	te_{2j}	ef_{2j}	te_{3j}	ef_{3j}	te_{4j}	ef_{4j}
0.375	56.28	4.83	91.42	10.86	80.70	1.66	97.05	2.31	95.90
0.25	58.9	1.33	97.74	7.87	86.64	1.52	97.42	2.48	95.79
0.375	5.87	2.24	61.84	2.11	64.14	1.00	82.96	1.62	72.40
ef_{ij}		81.91		75.98		91.86		87.06	

$$ef_{ij} = \frac{ck_j - te_{ij}}{ck_j} \times 100 \qquad (6-11)$$

式中，ef_{ij} 为 i 技术下第 j 次测量的防护效果，无量纲；ck_j 为对照组（流动沙丘），即无措施的集沙量；te_{ij} 为 i 技术下第 j 次收集的集沙量。

以每次测量的时间 t_j 作为权重参数 w_j

$$w_j = \frac{t_j}{\sum_{n=1}^{j} t_j} \qquad (6-12)$$

$$ef_j = w_j \times ef_{ij} \qquad (6-13)$$

单方面从控制地表风蚀来讲，葵花秆沙障体现出明显优势。但从沙物质的垂直梯度分布来看，葵花秆沙障内基本不存在梯度分布，拦沙性较强，这样的措施在风沙活动剧烈，沙物质来源丰富的沙漠地区，短时间内在沙障前形成积沙，流沙堆积前沿沙障很快被掩埋失去作用。所以在沙障设置时，尽量控制好葵花秆沙障的孔隙度，使其能发挥较长控制风沙活动的能力。沙柳沙障和麦草沙障的防沙效果也达到 75% 以上，在实际的治沙中也被广泛推广，具体的实施中以取材、运输成本和沙障制作成本作为选择材料的主要考虑因素。梭梭林属于植物治沙，风沙防治的最终目标是固定流沙、恢复植被，使土壤向良性发展，梭梭林具有很好的抗风蚀、沙埋和耐干旱的特点，在前期梭梭造林时配合以上几种沙障，控制近地表风沙活动有助于提高梭梭的造林成活率，待 3～5 次灌溉之后梭梭靠天然降水和土壤中水分保持健康生长。梭梭在乌兰布和沙漠绿化造林中配合机械沙障的模式取得理想效果，作为一种造林模式被广泛推广应用。

参 考 文 献

党晓宏，高永，虞毅，等. 2015. 新型生物可降解 PLA 沙障与传统草方格沙障防风效益[J]. 北京林业大学学报，37（3）：118-125.

董玉祥，黄德全，马骏. 2010. 海岸沙丘表面不同部位风沙流中不同粒径沙粒垂向分布的变化[J]. 地理科学，30（3）：391-397.

高永，邱国玉，丁国栋，等. 2004. 沙柳沙障的防风固沙效益研究[J]. 中国沙漠，24（3）：111-116.

李钢铁，贾玉奎，王永生. 2004. 乌兰布和沙漠风沙流结构的研究[J]. 干旱区资源与环境，18（S1）：276-278.

李振山，倪晋仁. 1998. 风沙流的研究历史、现状及其趋势[J]. 干旱区资源与环境，12（3）：89-97.

马世威. 1988. 风沙流结构的研究[J]. 中国沙漠，8（3）：11-25.

屈建军，黄宁，拓万全，等. 2005a. 戈壁风沙流结构特性及其意义[J]. 地球科学进展，20（1）：19-23.

屈建军，凌裕泉，俎瑞平，等. 2005b. 半隐蔽格状沙障的综合防护效益观测研究[J]. 中国沙漠，25（3）：329-335.

王丽英，李红丽，董智，等. 2013. 沙柳方格沙障对库布齐沙漠防风固沙效应的影响[J]. 水土保持学报，27（5）：115-118，124.

王翔宇，丁国栋，高函，等. 2008. 带状沙柳沙障的防风固沙效益研究[J]. 水土保持学报，22（2）：42-46.

吴正. 2003. 风沙地貌及治沙工程学[M]. 北京：科学出版社：61-69.

夏建新，石雪峰，吉祖稳，等. 2007. 植被条件对下垫面空气动力学粗糙度影响实验研究[J]. 应用基础与工程科学学报，15（1）：23-31.

杨根生，刘阳宣，史培军. 1988. 黄河沿岸风成沙入黄沙量估算[J]. 科学通报，（13）：1017-1021.

杨根生，拓万全，戴丰年，等. 2003. 风沙对黄河内蒙古河段河道泥沙淤积的影响[J]. 中国沙漠，23（2）：54-61.

张春来，郝青振，邹学勇，等. 1999. 新月形沙丘迎风坡形态及沉积物对表面气流的响应[J]. 中国沙漠，19（4）：359-363.

张登山，吴汪洋，田丽慧，等. 2014. 青海湖沙地麦草方格沙障的蚀积效应与规格选取[J]. 地理科学，34（5）：627-634.

张华，李锋瑞，张铜会，等. 2002. 科尔沁沙地不同下垫面风沙流结构与变异特征[J]. 水土保持学报，16（2）：20-23，28.

赵国平，左合君，徐连秀，等. 2008. 沙柳沙障防风阻沙效益的研究[J]. 水土保持学报，22（2）：38-41，65.

兹那门斯基 А. И. 2003. 沙地风蚀过程的实验研究和沙堆防止问题[M]. 杨郁华，译. 北京：科学出版社.

Anderson R S. 1986. Erosion profiles due to particles entrained by wind：application of Aeolian sediment-transport model[J]. Geological Society of America Bulletin，97（10）：1270-1278.

Bagnold R A. 1941. The Physics of Blown Sand and Desert Dunes[M]. New York：Methuen，85-95，265.

Bisal F J. 1966. Hsieh. Influence of moisture on erodibility of soil bywind[J]. Soil Science，102（3）：143-146.

Chepil W S. 1945. Dynamics of Wind Erosion：III. The Transport Capacity of the Wind[J]. Soil Science，60（6）：475-480.

Dong Z B，Liu X P，Wang H T，et al. 2003. The flux profile of a blowing sand cloud：a wind tunnel investigation[J]. Geomorphology，49（3）：219-230.

Frank A J，Kocurek G. 1996. Airflow up the stoss slope of sand dune：limitations of current understanding[J]. Geomorphology，17（1-3）：47-54.

Liu X P，Dong Z B. 2003. Experimental investigation of the concentration profile of a blowing sand cloud[J]. Geomorphology，60（3-4）：371-381.

Woodruff N P，Siddoway F H. 1965. A wind erosion equation[J]. Soil Science Society of America Journal，29（5）：602-608.

Yang P，Dong Z B，Qian G Q，et al. 2006. Height profile of the mean velocity of an Aeolian salting cloud：Wind tunnel measurements by Particle Image Velocimetry[J]. Geomorphology，89（3）：320-334.

第7章
沙丘形态及其运移特征

风沙地貌学是研究风力作用下物质运动形成的地貌形态特征、空间组合规律及其形成演变的科学。不同区域的地貌形成过程存在差异，黄河乌兰布和沙漠段沿岸沙丘的运动既不同于内陆的沙漠沙丘也不同于海岸沙丘的运动特点，具有其独特的地理位置与立地条件。因此，深入研究该地区河岸沙丘移动的方向、方式与速度是摸清该地区风沙地貌研究及入黄风积沙量不可或缺的工作。

7.1 沙丘形态与沙丘移动测量

利用三维激光扫描仪或者全站仪测量沙丘形态及移动距离，同时配合高精度遥感长期观测沙丘移动速度（图7-1）。

(a) 三维激光扫描仪　　　　　　　　　　　　　(b) 全站仪

图 7-1　黄河沿岸典型沙丘测量

Ⅰ沙丘形态测量采用全测量法，用三维激光扫描仪和全站仪进行测量。全站仪测量精度为二等闭合水准测量，比例尺为1∶200，等高距为20cm。三维激光扫描仪为点阵扫描，等高距为2mm。测量法可以确定边界移动速度，又可以测定沙丘移动量。记录沙丘前植被盖度、土壤含水量、冰雪覆盖面积、人工干预情况、距离其他沙丘的距离等立地条件特征（李振全，2019）。测量时间为每年的4月初。

Ⅱ沙丘移动速度采用测桩法测定移动距离，在阎王背、刘拐沙头各选取典型沙丘20处，在落沙角前20m处设立一对观测桩，观测桩走向与沙丘走向平行，定期测定落沙角到观测桩平行线的距离，测定间距2m。同时测量沙丘的高度、迎风坡长、背风坡长、宽度、迎风坡坡度、背风坡坡度，记录沙丘前植被盖度、土壤含水量、冰雪覆盖面积、人工干预情况、距离其他沙丘的距离等立地条件特征。采用水准仪、坡度仪、卷尺进行测定（图7-2）。测量时间为每年2月底、4月初、6月底、9月底、11月初。

(a) 测桩法定点测量

(b) 冬季定点测量

(c) 罗盘仪定位测量

图7-2　沙丘移动测量

7.2　沙丘形态特征

7.2.1　沙丘几何特征参数

黄河乌兰布和沙漠段沿岸的沙丘以新月形沙丘和新月形沙丘链为主，新月形沙丘链由 3～8 个新月形沙丘连成。沙丘剖面形态不对称，迎风坡缓而长，背风坡陡而短，其比例约为 6∶1～8∶1，沙丘高度因类型的不同存在一定的差异，新月形沙丘和新月形沙丘链的高度为 2～8m，沙垄较高，为 8～15m。沿黄段的沙丘走向以横向沙丘（沙丘走向为西南—东北）为主。新月形沙丘的移动是沙物质从迎风坡被不断吹蚀、搬运，而在背风坡堆积的过程。沙丘前移的直接表现是滑动面的前移。沙丘移动受制于风况（风速、风向）、沙丘形态（高度、体积）、周围环境（粒径、植被情况、沙面的水分状况和下覆地貌条件）等因素。通过对研究区 48 座横向沙丘形态的测量，发现该地区沙丘以典型的新月形沙丘链为主，沙丘西北侧为迎风坡，坡度较缓，约为 7°～13°；沙丘东东南侧为背风坡，具有典型的落沙坡，坡度较陡，约为 27°～33°，沙丘走向为 340°～25°，主要以 SSW—NNE 走向为主。

对 48 座典型沙丘宽度 W 和高度 H 做线性函数回归分析（图 7-3），结果表明沙丘宽度 W 和长度 H 存在较为显著的线性关系，相关系数 R^2=0.85，回归关系式如下：

$$H = 0.057W + 3.51 \tag{7-1}$$

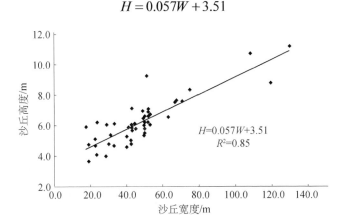

图 7-3　黄河乌兰布和沙漠刘拐沙头段沙丘宽-高关系

7.2.2 落沙坡方向

落沙坡方向是反映沙丘动力学和形态特征的又一重要指标，在沙丘动力学分类中具有重要的意义（董治宝等，1998）。观测表明：监测区内的沙丘均具有明显的落沙坡，落沙坡方向虽在总体上顺应于主风向 ESE 或 ENE，但又具有较大的变化范围，变化幅度为 65°～110°。这一方面反映了黄河乌兰布和沙漠段沿岸沙丘发育的不成熟性，风力作用下沙丘形态发育首先表现为沙丘形态的调整，发育成熟的简单沙丘其落沙坡基本上完全顺应主风力，而发育不成熟的沙丘则处于频繁的调整过程中，因而其落沙坡方向不稳定（陈新闯，2016）；另一方面反映出研究区供沙量、水分条件、沙丘前植被状况、微地形等一系列因子引起的局部气流场对沙丘发育的影响较大，因黄河乌兰布和沙漠段沿岸均为发育不成熟的雏形沙丘，对局地气流场的反应十分敏感，而某一沙丘周围的沙丘存在将不可避免地改变局地气流场特征。

7.3 沙丘运移特征

在黄河乌兰布和沙漠段沿岸的沙丘不论是简单新月形沙丘和还是新月形沙丘链，它们都不是固定静止的，而是在移动发展的。即使是植被盖度较高的固定沙丘，其形态也绝非固定不变。因此了解沙丘的运动规律，对于摸清入黄风积沙量，控制沙丘移动和防治沙漠化都有着极其重要的意义。

7.3.1 沙丘移动速度

沙丘的形态不同，移动的速度也不一样，一般的规律是单个新月形沙丘移动快，新月形沙丘链移动较慢，沙丘链越长也越稳定；沙垄的横向移动慢一些，而纵向线状伸长速度又较快些。2010 年 5 月至 2014 年 5 月 18623 个监测数据的分析表明：受不同年份季风强度的影响，2010 年 5 月至 2011 年 5 月沙丘向黄河河道前移的距离为 0.55～20.24m，平均前移距离为 7.87m；2011 年 5 月至 2012 年 5 月沙丘向黄河河道前移的距离为 0.39～6.38m，平均前移距离为 2.54m；2012 年 5 月至 2013 年 5 月沙丘向黄河河道前移的距离为 0.42～7.96m，平均前移距离为 3.28m；2013 年 5 月至 2014 年 5 月沙丘向黄河河道前移的距离为 0.25～5.85m，平均前移距离为 1.87m。可见，沙丘移动速度受不同年份季风强弱的影响极大，同时也受沙丘高度、沙丘前植被条件等立地条件的影响。一般而言，沙丘的两翼移动速度大于中部（图 7-4）。沙丘移动速度在年内的变化中，以 5 月最快，1 月、8 月、9 月最慢，沙丘前移主要发生在 3～5 月，占全年前移距离的 73.51%，年内变化没有规律性（回归函数的 R^2 值远小于 0.80），受季风的影响较大（图 7-5）。

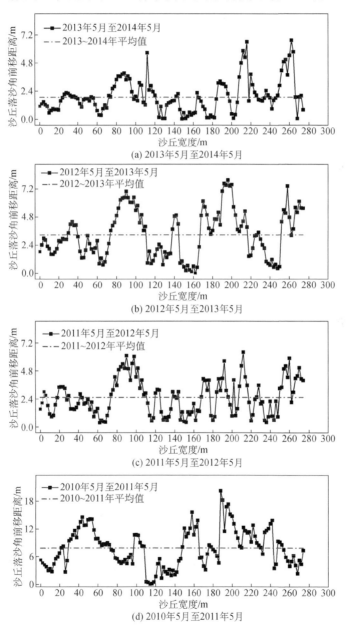

(a) 2013 年 5 月至 2014 年 5 月

(b) 2012 年 5 月至 2013 年 5 月

(c) 2011 年 5 月至 2012 年 5 月

(d) 2010 年 5 月至 2011 年 5 月

图 7-4　沙丘落沙角前移距离变化

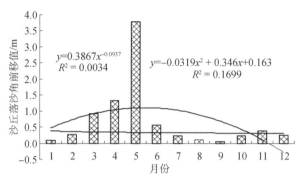

图 7-5　2011～2013 年落沙角前移距离的年度内变化

7.3.2　沙丘高度对移动速度的影响

Bagnold（1941）曾从理论上推导出 $D=Q/(rH)$，式中，D 为沙丘移动距离，Q 为单位时间内通过单位边宽的全部沙量，r 为沙子容重，H 为沙丘高度。根据朱震达等的研究表明，在塔克拉玛干沙漠不同下垫面条件、不同疏密度沙丘的分布区，沙丘移动速度与高度之间具有较好的线性负相关关系（董治宝等，1998）。我们的监测结果分析表明：沙丘移动距离 D 与高度 H 之间具有稳定的线性负相关关系（图 7-6），该研究结果与 R. A. Bagnold 的理论推导及朱震达等的野外观测研究结果一致。其回归关系式如下：

$$D = -0.52H + 6.11 \tag{7-2}$$

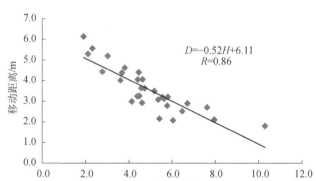

图 7-6　黄河乌兰布和沙漠刘拐子沙头段沙丘高度-移动距离关系

7.3.3　沙丘运移量分析

通过长期的观测研究发现，黄河乌兰布和沙漠段沿岸的入黄风积沙量主要以沙丘整体向河道推进为主，即风沙的蠕移和跃移。

　　研究在黄河乌兰布和沙漠段选取了 2 个典型沙丘进行测量。1#沙丘走向为
5°，沙丘宽度 64m，沙丘高度 3.8m。2#沙丘走向为 20°，沙丘宽度 72m，沙丘高
度 4.4m，沙子的容重为 1.60g/m³。利用全站仪于 2012 年 4 月 6～8 日、2013 年
4 月 6～8 日两次对 1#沙丘、2#沙丘进行了测量，为二等水准闭合测量，全站仪
测距精度为 1mm+2ppm×D，每个沙丘的边界用木头桩严格控制边界，以便使每
次测定的典型沙丘边界线准确无误。使用南方 CASS7.1 软件计算测量数据，经计
算，1#沙丘 2012 年 4 月 6 日至 2013 年 4 月 8 日沙丘移动量为 897.56m³，输沙量
为 22.443t/（m·a）（图 7-7）；2#沙丘 2012 年 4 月 6 日至 2013 年 4 月 8 日沙丘移
动量为 1305.29m³，输沙量为 29.011t/（m·a）（图 7-8）。

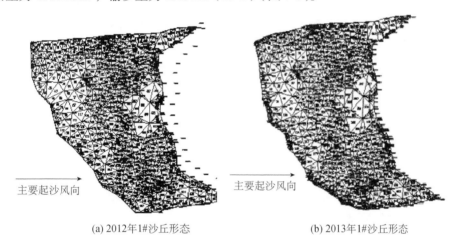

(a) 2012年1#沙丘形态　　　　　　　　(b) 2013年1#沙丘形态

图 7-7　1#沙丘移动量测量三角网图

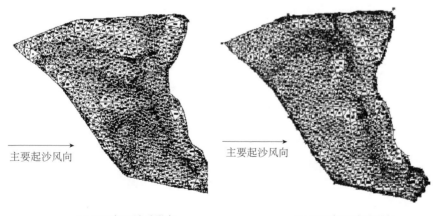

(a) 2012年2#沙丘形态　　　　　　　　(b) 2013年2#沙丘形态

图 7-8　2#沙丘移动量测量三角网图

参 考 文 献

陈新闯. 2016. 乌兰布和沙漠黄河沿岸磴口段风积沙运移过程与规律[D]. 泰安：山东农业大
　　学学位论文.

董治宝, 陈广庭, 颜长珍, 等. 1998. 塔里木沙漠石油公路沿线沙丘移动规律[J]. 中国沙漠,
　　18 (4): 3-5.

樊恒文, 肖洪浪, 段争虎, 等. 2002. 中国沙漠地区降尘特征与影响因素分析[J]. 中国沙漠,
　　22 (6): 559-565.

高贵生, 宋理明, 马宗泰. 2013. 青海省降尘量时空分布及其影响因素分析[J]. 中国沙漠,
　　33 (4): 1124-1130.

何京丽, 郭建英, 邢恩德, 等. 2012. 黄河乌兰布和沙漠段沿岸风沙流结构与沙丘移动规
　　律[J]. 农业工程学报, 28 (17): 71-77.

李晋昌, 董治宝, 钱广强, 等. 2010. 中国北方不同区域典型站点降尘特性的对比[J]. 中国沙
　　漠, 30 (6): 1269-1277.

李晋昌, 董治宝, 王训明. 2008. 中国北方东部地区春季降尘量及其环境意义[J]. 中国沙漠,
　　28 (2): 195-201.

李晋昌, 康晓云, 高婧. 2013. 黄土高原东部大气降尘量的空间和季节变化[J]. 中国环境科
　　学, 33 (10): 1729-1735.

李振全. 2019. 黄河石嘴山至巴彦高勒段风沙入黄量研究[D]. 西安：西安理工大学学位论文.

刘东生, 韩家懋, 张德二, 等. 2006. 降尘与人类世沉积——Ⅰ：北京 2006 年 4 月 16~17 日
　　降尘初步分析[J]. 第四纪研究, 26 (4): 628-633.

刘新春, 钟玉婷, 王敏仲, 等. 2010. 塔里木盆地大气降尘变化特征及影响因素分析[J]. 中国
　　沙漠, 30 (4): 954-960.

倪刘建, 张甘霖, 阮心玲, 等. 2007. 南京市不同功能区大气降尘的沉降通量及污染特征[J].
　　中国环境科学, 27 (1): 2-6.

钱广强, 董治宝. 2004. 大气降尘收集方法及相关问题研究[J]. 中国沙漠, 24 (6): 779-782.

钱广强, 董治宝, 罗万银, 等. 2007. 横向沙丘背风侧沙粒风蚀起动的风洞模拟[J]. 干旱区地
　　理, 30 (1): 66-70.

石广玉, 赵思雄. 2003. 沙尘暴研究中的若干科学问题[J]. 大气科学, 27 (4): 591-606.

师育新, 戴雪荣, 宋之光, 等. 2006. 上海春季沙尘与非沙尘天气大气颗粒物粒度组成与矿物
　　成分[J]. 中国沙漠, 26 (5): 780-785.

汪季, 董智. 2005. 荒漠绿洲下垫面粒度特征与供尘关系的研究[J]. 水土保持学报, 19 (6):
　　11-13, 16.

王丽英, 李红丽, 董智, 等. 2013. 沙柳方格沙障对库布齐沙漠防风固沙效应的影响[J]. 水
　　土保持学报, 27 (5): 115-118, 124.

王式功, 董光荣, 杨德保, 等. 1996. 中国北方地区沙尘暴变化趋势初探[J]. 自然灾害学报,

5（2）：86-94.

徐虹，林丰妹，毕晓辉，等. 2011. 杭州市大气降尘与 PM10 化学组成特征的研究[J]. 中国环
　境科学，31（1）：1-7.

张宁，张武平，张萌. 2005. 沙尘暴降尘对甘肃大气环境背景值的影响研究[J]. 环境科学研
　究，18（5）：6-10.

张正偲，董治宝. 2011. 腾格里沙漠东南缘春季降尘量和粒度特征[J]. 中国环境科学，31
　（11）：1789-1794.

张正偲，董治宝. 2013. 降尘收集方法对降尘效率的影响[J]. 环境科学，34（2）：499-508.

Bagnold R A. 1941. The Physics of Blown Sand and Desert Dunes[M]. London：Chapman and
　Hall.

Bory A J, Biscaye P E, Svensson A, et al. 2002. Seasonal variability in the origin of recent
　atmospheric mineral dust at NorthGRIP, Greenland[J]. Earth and Planetary Science Letters,
　196（3-4）：123-134.

Christoph H, Robert G, Urs B. 2005. Chemical characterisation of PM2.5, PM10 and coarse
　particles at urban, near city and rural sites in Switzerland[J]. Atmospheric Environment,
　39（4）：637-651.

Folk R L, Ward W C. 1957. A study in the significance of grain size parameters[J]. Journal of
　Sedimentary Research, 27（1）：3-26.

Massadeh A, Jaradat Q, Obiedat M. 2007. Chemical speciation of lead and cadmium in different
　size fractions of dust samples from two busy roads in Irbid city, Jordan[J]. Journal of Soil
　Contamination, 16（4）：371-382.

Odabasi M, Muezzinoglu A, Bozlaker A. 2002. Ambient concentrations and dry deposition fluxes
　of trace elements in Izmir, Turkey[J]. Atmospheric Environment, 36（38）：5841-5851.

Pye K. 1987. Aeolian dust and dust deposition[M]. London：Academic Press：49.

Sun J, Liu T, Lei Z. 2000. Sources of heavy dust fall in Beijing, China on April 16, 1998[J].
　Geophysical Research Letters, 27（14）：2105-2108.

Sweet M L, Kocurek G. 2010. An empirical model of aeolian dune lee-face airflow[J].
　Sedimentology, 37（6）：1023-1038.

Ta W Q, Zheng X, Qu J J, et al. 2003. Characteristics of dust particles from the desert/Gobi area
　of northwestern China during dust-storm periods[J]. Environmental Geology, 43（6）：667-679.

Walker I J, Nickling W G. 2002. Dynamics of secondary airflow and sediment transport over and in
　the lee of transverse dunes[J]. Progress in Physical Geography, 26（1）：47-75.

Wang X M, Zhang C X, Wang H T, et al. 2011. The significance of Gobi desert surfaces for dust
　emissions in China：an experimental study[J]. Environmental Earth Sciences, 64（4）：1039-1050.

Xuan J, Sokolik I N. 2002. Characterization of sources and emission rates of mineral dust in
　Northern China[J]. Atmospheric Environment, 36（31）：4863-4876.

Zhang X L, Wang Y C. 2003. Analysis and Case Study of Duststorms in the Beijing Area[J].
　Water, Air and Soil Pollution：Focus, 3（2）：103-115.

第 8 章

入黄风沙量估算

8.1　入黄风沙形式

黄河乌兰布和沙漠段风积沙入黄沙量是指每年在风力作用下输入黄河的沙量，其形式包括地表风沙流水平输移、垂直降尘和沙丘移动三种形式。风沙流水平输移主要指黄河沿岸不同土地利用类型地表风沙运动通过蠕移与跃移形式不断向前推移进而直接进入黄河河道，最后被水流带走的沙量。垂直降尘主要指悬移质沙尘物质在运输过程中直接降落在河道内的沙尘量。沙丘移动则是指沿岸沙丘以整体形式向前推移并直接进入到河道中的量，包括沿岸沙丘坡脚因河水冲淘失稳直接跌落在河道中的量。风沙流入黄量与降尘入黄量可以通过河流两岸水平与垂直输沙通量的差值获得，或由左岸风沙流潜在输沙能力获得。沙丘移动量则由监测沿岸沙丘的移动速率及其形态变化量获得。

8.2　入黄风沙量的估算方法

8.2.1　沙丘移动入黄风沙量方法

沙丘移动是风沙流运动的函数，它是随着风沙流形式变化而变化。根据拜格诺的研究结果表明，沙丘移动速度与风沙流量成正比，其沙丘移动速度公式为

$$D = \frac{Q}{rH} \qquad (8\text{-}1)$$

式中，D 为沙丘单位时间前移距离；Q 为单位时间内通过单位宽度的全部沙量；H 为沙丘高度；r 为沙的容重。由此可见运用风沙流的运动沙量，可以计算出沙丘向河道的输沙量。

8.2.2 风沙流入黄风沙量方法

黄河乌兰布和沙漠段以风沙流进入黄河的风积沙量主要与沿岸不同地貌类型沿黄河的空间分布长度 L_i、一年内不同地貌地表有效风向通过单位宽度的风积沙总量 q_i 及与各有效风向与河道岸边走向的夹角 θ_i 等影响因素有关。具体计算方法如下：

$$\sum Q = \sum q_i \times L_i \times T_i \times 10^{-3} \times \sin\theta_i \qquad (8\text{-}2)$$

式中，$\sum Q$ 为年均入黄风沙量，t；q_i 为大于起沙风的某一风速下的平均输沙率，kg/(m·h)，可通过将表 8-1 中的各个风速代入式（8-2）中计算得出；T_i 为某风向大于起沙风的风速年均持续时间，h；$(q_i \times T_i)$ 即为某风向大于起沙风的风速下单位宽度的年均输沙量，kg/(m·a)；L_i 为河道岸边受某一风向影响的流动沙丘断面的长度；θ_i 为某一风向与河道岸边之间的夹角。

表 8-1 研究区 2#沙丘单位宽度内入黄风积沙量统计

风向	不同风速、风向、不同部位（$q_i \times T_i$）/ [t/(m·a)]			L_i/m	θ_i	Q/ [t/(m·a)]		
	坡底	坡中	坡顶			坡底	坡中	坡顶
N	0.162	0.367	0.852	1	0.342	0.055	0.126	0.291
NNE	0.270	0.615	1.450	1	0.152	0.041	0.094	0.221
SSW	0.048	0.108	0.234	1	0.044	0.002	0.005	0.010
SW	0.303	0.713	1.740	1	0.423	0.128	0.301	0.736
WSW	2.295	5.351	13.092	1	0.737	1.692	3.945	9.652
W	4.473	10.622	26.222	1	0.940	4.203	9.981	24.640
WNW	3.741	8.773	21.550	1	0.999	3.737	8.764	21.529
NW	2.323	5.374	13.024	1	0.906	2.105	4.870	11.804
NNW	0.460	1.044	2.475	1	0.676	0.311	0.705	1.672
合计	14.075	32.965	80.638	—	—	12.275	28.791	70.555

8.3 入黄风沙量估算与分析

8.3.1 流动沙丘入黄风沙量估算

流动沙丘入黄风积沙量用式（8-2）计算出来的量理论上为：$\sum Q$=沙丘移动量+降尘量（悬移沙物质量）。为验证利用风沙流计算结果的准确性，文中将用公式计算结果与实测的沙丘移动量、降尘量进行了比较分析。研究对测量的2#典型沙丘采用全测量法，并在沙丘的下风向的 3.2m、6.4m、12.8m、19.2m、32m、51.2m、64m 处放置降尘缸，降尘缸上口距离地面 200cm，降尘缸的直径为 200mm，高 300mm 的圆柱形容器，内衬撑架与沙网，集尘方式为干收集法。

通过计算得出（表 8-1），黄河刘拐子沙头流沙区单位宽度的入黄沙量按照沙丘不同部位计算出来的单位宽度内的入黄风积沙量差别较大，利用沙丘中部的风沙流量计算出的结果与实际测量出的结果（表 8-2）比较相近，即沙丘中部计算得到的单宽输沙量为 28.791t/（m·a），实际观测到沙丘移动量与降尘量为29.130t/（m·a）。受沙丘地形的影响，用沙丘顶部计算出来的单宽输沙量为70.555t/（m·a），是实际观测量的 2.4 倍，明显偏大。用沙丘迎风坡脚计算出来的单宽输沙量为 12.275t/（m·a），是实际观测量的 42.13%，明显偏小。可见对于流沙区利用迎风坡中部的输沙量计算入黄风积沙量较为合理。因此，依据第 5章确定的沙丘不同部位的输沙率与风速的相关关系（表 5-4），利用自动气象站

表 8-2　研究区 2#沙丘单位宽度内降尘量与沙丘移动量统计

距沙丘距离/m	降尘量 /（t/m²）	1m 宽度降尘量 /（t/m）	降尘比例 /%	沙丘移动量+降尘量 /［t/（m·a）］
3.2	0.015	0.047	39.93	
6.4	0.007	0.022	17.58	
12.8	0.003	0.019	15.07	
19.2	0.001	0.006	6.16	
32.0	0.001	0.013	11.26	
51.2	0.000	0.007	6.19	
64.0	0.000	0.005	3.81	
合计	—	0.119	100.00	29.130

注：2#沙丘移动量来源于 7.3.3 沙丘输沙量的计算结果，为 29.011t/（m·a）。

记录的 2014～2016 年的气象数据，计算得出 2014～2016 年的流沙区的单宽输沙率为 9.373～17.276t/（m·a）（表 8-3），其计算数据与利用集沙仪监测数据（表 8-3）相近，有相差的原因主要是由于集沙仪的积沙效率，或利用集沙仪收集沙物质的过程中集沙盒子达到满溢状态导致的损失。

表 8-3　典型沙丘单位宽度年输沙率

风向	不同风速、风向、不同部位（$q_i \times T_i$）/[t/（m·a）]			$L_{i/m}$	θ_i	Q/ [t/（m·a）]		
	2014	2015	2016			2014	2015	2016
N	0.104	0.145	0.197	1	0.342	0.036	0.0494	0.0673
NNE	0.237	0.170	0.253	1	0.152	0.036	0.0259	0.0384
SSW	0.415	0.086	0.692	1	0.044	0.018	0.0038	0.0304
SW	1.259	0.144	0.298	1	0.423	0.532	0.0609	0.1261
WSW	1.993	1.381	1.172	1	0.737	1.469	1.0180	0.8641
W	6.024	2.070	2.308	1	0.94	5.662	1.9458	2.1699
WNW	7.335	4.082	3.293	1	0.999	7.328	4.0783	3.2902
NW	2.166	2.370	2.245	1	0.906	1.962	2.1474	2.0337
NNW	0.343	0.546	1.114	1	0.676	0.232	0.3692	0.7527
合计	19.876	10.995	11.572	—	—	17.276	9.699	9.373

8.3.2　不同立地条件下输沙量观测

针对研究区流动沙丘、半流动沙丘、半固定沙地、固定沙地等 4 种不同的下垫面类型，选择地形相近的典型区域建立标准观测小区，通过收集和测量集沙仪里的风沙量并剔除无效风向的风沙量后，计算得到 2012～2016 年不同下垫面类型区的风沙输沙率，如表 8-4 和图 8-1 所示。2011 年野外观测小区刚建立，观测数据稀疏，不足以用来计算风沙输沙率。2012 年对流动沙丘的观测较为完善，其他类型沙丘的观测尚不完善，2013 年以后各类型沙地的观测均较完善。从表和图中可以看到，流动沙丘的输沙率最大，固定沙丘的输沙率最小，自 2012～2016 年，各下垫面类型的输沙率逐渐减小，流动沙丘的输沙率由 33.76t/（m·a）减小为 8.37t/（m·a），半固定沙丘的输沙率由 4.07t/（m·a）减小为 1.74t/（m·a），固定沙丘的输沙率由 0.58t/（m·a）减小为 0.25t/（m·a），和该时期内的风速减小有关。

同时，根据风沙观测基地自动气象站记录的 2014～2016 年的气象数据，利用风沙入黄经验模型对流动沙丘的单宽输沙率进行了计算，见表 8-4。模型计算得到的 2014～2016 年度流动沙丘的单宽输沙率为 9.373～17.276t/（m·a），与利用集沙仪监测的数据基本相近。

表 8-4　不同土地利用类型年输沙率　　　　　　　　单位：t/（m·a）

土地类型	年输沙率				
	2012 年	2013 年	2014 年	2015 年	2016 年
固定沙丘		0.58	0.32	0.24	0.25
半固定沙丘		4.07	2.47	1.98	1.74
半流动沙丘		12.16	6.76	3.7	3.55
流动沙丘	33.76	28.79	15.96	8.74	8.37

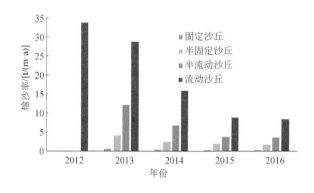

图 8-1　不同土地利用类型年均输沙率

乌兰布和沙漠段流动沙丘长度为 46.35km、半固定（半流动）沙丘长度为 12.10km、固定沙丘长度为 3.97km，据此可得到乌兰布和沙漠 2013～2016 年以风沙流形式进入黄河的年风沙入黄量，分别为 148.39 万 t、82.21 万 t、45.08 万 t 和 43.25 万 t。

8.3.3　悬移入黄风沙量观测

为了观测风沙中悬移颗粒在河道的沉降量，2014 年在刘拐沙头观测区河道两岸分别布设了 10m 高的风沙通量塔，通量塔沿西北方向成一条直线。观测时间为 2014 年 5 月 26 日至 2015 年 5 月 26 日，左岸通量塔 1～10m 高度内每年的输沙量为 110.73kg/（m·a），右岸通量塔 1～10m 高度内每年的输沙量为 93.24kg/（m·a），可见在沙尘源丰富的左岸明显多于河道右岸。

悬移风沙入黄量的计算公式为

$$S_{\text{sus}} = (S_{左} - S_{右}) \times L \tag{8-3}$$

式中，S_{sus} 为风沙悬移入黄量，t/a；$S_{左}$ 为风沙通量塔左岸进入量，kg/（m·a）；$S_{右}$ 为风沙通量塔右岸输出量，kg/（m·a）；L 为受沙漠影响的河段长度，km。

计算可得，每年风沙中的悬移颗粒沉降在河道内的量值为 1091.73t。

综上所述，2013～2016 年沙漠风沙流引起的入黄风沙量分别为 148.39 万 t/a、82.21 万 t/a、45.08 万 t/a 和 43.25 万 t/a，沙丘移动进入黄河的风沙量为 10.42 万 t/a，风沙悬移入黄量为 1091.73t/a，可得 2013～2016 年乌兰布和沙漠风沙入黄总量为 158.92 万 t/a、92.74 万 t/a、55.61 万 t/a 和 53.78 万 t/a。

8.3.4　风沙入黄历史过程及趋势预测

野外和室内观测均表明，风沙流强度和实际风速与沙粒起动风速之差的三次方成正比，乌兰布和沙漠流动沙丘的起沙风速为 5.1～5.3m/s，半固定沙丘和固定沙丘的起沙风速分别为 6.5m/s、7.3m/s。与 20 世纪 50 年代和 90 年代相比，沙漠地区的平均风速在 2000 年之后约降低 1m/s。

对历史时期的风沙过程进行演绎以及对未来的风沙量进行评估，涉及风力条件、土地利用类型等多种因素，本书研究过程中，对这一问题进行简化处理，以风力条件为主要依据来估算历史时期的风沙入黄量。年均风速反映了风力条件的总体特征，年最大风速、极大风速等都与年均风速的变化趋势一致，因此以 2013 年通过野外观测数据计算得到的风沙入黄量 158.92 万 t/a 为基准值，用各年平均风速与 2013 年平均风速比值的三次方作为当年入黄风沙量与 2013 年风沙入黄量的比值，从而得到当年的风沙入黄量（田世民等，2017）。沙漠地区及附近的气象站有阿拉善左旗、吉兰太、惠农、陶乐、磴口和乌海等，各站的年平均风速变化如图 8-2 所示。各站年平均风速的变化基本一致，本次以阿拉善左旗站为例，来估算历史时期的风沙入黄量。

从图 8-2 看，阿拉善左旗站 2000～2012 年风速变化趋势与 1954～1967 年的变化趋势相似，因此在设定未来风力条件时，假定风速未来变化趋势与 1967 年以后的变化趋势相似，以阿拉善左旗 1967～1986 年的年均风速作为 2017～2036 年的年均风速。阿拉善左旗站 1954～2012 年平均风速 2.81m/s，最小年均风速 1.6m/s，最大年均风速 3.4m/s，1967～1986 年年均风速的平均值为 2.98m/s，最小年均风速为 2.1m/s，最大年均风速为 3.3m/s。按照上述方法估算每年的风沙入黄量，对于风沙入黄的主要影响因子进行如下处理。

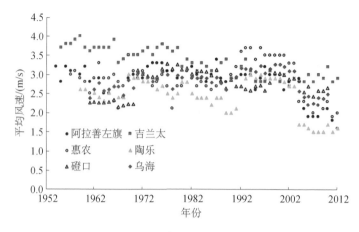

图 8-2 沙漠地区及附近气象站年平均风速变化

（1）风力条件：由于研究区附近 4 个国家基本气象站（包括阿拉善左旗站）在中国气象数据共享网上的数据只更新至 2012 年，之后没有风速数据，因此根据本次研究在沙漠地区设置的风沙野外观测场 2012～2014 年的风速数据，得到 2013 年平均风速与 2012 年平均风速的比值 R，并认为研究区域的风速变化特征相似，根据阿拉善左旗站 2012 年的平均风速，乘以该风速比值 R，得到阿拉善左旗站 2013 年的平均风速为 2.2m/s。

（2）土地利用类型：根据杨根生等（1988）的研究，20 世纪 80 年代受乌兰布和沙漠影响的河段长度为 40.4km。根据本次研究中利用 Google Earth 卫星图像识别，得到受流动沙丘和半固定沙丘沙漠影响的河段长度为 58.45km。在估算历史时期风沙入黄量时，受沙漠影响的河段仍按 58.45km 计算，考虑到未来社会经济发展对土地利用方式的转变，在当前受沙漠影响河段 58.45km 的基础上，每年递减 1km，至 2036 年受沙漠影响河段为 39.45km。

由此计算得到 1954～2036 年乌兰布和沙漠的风沙入黄量，并将利用风沙模型计算得到的 1986～2014 年的风沙入黄量与估算的风沙入黄量进行对比，如图 8-3 所示。1954～2016 年年均风沙入黄量为 335.78 万 t，最大值为 1987 年的 586.61 万 t，最小值为 2016 年的 53.78 万 t，2011～2012 年、2014～2016 年乌兰布和沙漠年均风沙入黄量不到 100 万 t（田世民等，2017）。在设定的情景下，2024～2026 年风沙入黄量超过了 400 万 t，分别为 424.55、416.30 和 408.04 万 t。随着沙漠治理强度的增加，沿黄段流动沙丘长度进一步减少，2031～2036 年风沙入黄量将下降至 262.45 万 t/a。未来风沙入黄量估算建立在土地利用类型缓慢好转、风速逐渐增加的前提下，如果未来沙漠治理大规模开展，受沙漠影响的河段将显著减少，或者风速变化不大，则乌兰布和沙漠风沙入黄量也会显著减少（图 8-3）。

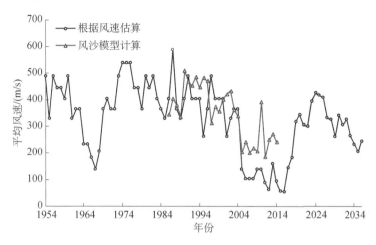

图 8-3　1954～2036 年风沙入黄量估算

8.3.5　风沙入黄量综合分析

1. 实际观测值

通过在沙漠地区建立的风沙野外观测场进行观测，计算得到 2013～2016 年风沙入黄量为 158.92 万 t/a、92.74 万 t/a、55.61 万 t/a 和 53.78 万 t/a。观测值能够较好地反映当前风力条件、地形条件和土地利用类型下的风沙入黄量，观测体系涵盖了不同的土地利用类型，且观测系列连续，是目前为止乌兰布和沙漠观测类型较全面、观测时间较长、观测内容较丰富的观测体系，能够准确反映 2013～2016 年的风沙入黄量。

2. 历史时期风沙入黄量

利用磴口水文站水位抬升变化对 20 世纪 80 年代和 1990～2013 年的风沙入黄量进行了初步估算，两个时期的风沙入黄量应不大于 500.4 万 t/a 和 339 万 t/a。

通过 1967 年和 2012 年的河道断面对比，得到河道左岸滩地平均预计厚度，并根据现状河道地形推广到受沙漠影响的河段，得到 1967～2012 年乌兰布和沙漠年平均入黄沙量不大于 315.56 万 t。实际上，河道滩地不仅受沙漠风沙的影响，同时还受到汛期洪水漫滩淤积以及封冰期冰蚀等影响，该值可作为长期以来乌兰布和沙漠风沙入黄量的参考值。

基于风蚀模型的风沙入黄数学模型通过 2013~2014 年实际观测值的验证，模型参数得到厘定，基本能够反映乌兰布和沙漠风沙入黄的实际情况，利用该模型计算了 1986~2014 年的风沙入黄量。同时以阿拉善左旗站为参考，通过年平均风速的比值，估算了 1954~2012 年的风沙入黄量，两种方法计算 1986~2014 年时段的风沙入黄量基本一致。根据估算，1954~2016 年年均风沙入黄量为 335.78 万 t，最大值为 1987 年的 586.61 万 t，最小值为 2016 年的 53.78 万 t。

3. 未来风沙入黄量

以阿拉善左旗站为参考，以 1967~1986 年的风力条件代表 2017~2036 年的风力条件，通过年平均风速的比值，估算了 2017~2036 年的风沙入黄量。在设定的情景下，未来风沙入黄量仍有超过 400 万 t 的年份，如 2024~2026 年风沙入黄量分别为 424.55t、416.30t 和 408.04 万 t。随着沿黄段流动沙丘长度的进一步减少，2031~2036 年风沙入黄量将下降至 262.45 万 t/a。

参 考 文 献

杜鹤强, 薛娴, 王涛, 等. 2015. 1986—2013 年黄河宁蒙河段风蚀模数与风沙入河量估算[J]. 农业工程学报, 31 (10): 142-151.

宋阳. 2007. 风水复合侵蚀现代过程与机理研究[D]. 北京: 北京师范大学学位论文.

田世民, 郭建英, 尚红霞, 等. 2017. 乌兰布和沙漠风沙入黄量研究[J]. 人民黄河, 39 (7): 65-70.

杨根生, 刘阳宣, 史培军. 1988. 黄河沿岸风成沙入黄沙量估算[J]. 科学通报, (13): 1017-1021.

第 9 章

黄河宁蒙河段入黄风沙防治技术与措施

以重点工程为突破口，实施乔、灌、草相结合，生物措施和工程措施相结合，人工措施与自然修复相结合的原则。建立和优化各种政策机制，依靠相关部门的密切配合，充分调动社会各方力量参与防沙治沙事业，努力实现沙区生态良好、经济富裕、社会文明的发展目标。按照保护优先、积极治理的原则，通过沙区特色产业基地建设、生态移民和小城镇建设、沙区小流域治理等措施，达到宜林荒沙荒滩林草化、道路、水系、林网化，基本控制沙漠化，促进沙区人与自然和谐、生态良好、经济社会协调可持续发展。

根据不同立地类型的风沙流结构，风速分布规律，结合沙丘各部分风蚀沉积规律，总结黄河乌兰布和沙漠段现有的植物/水分等条件利弊，建立生物/机械措施相结合的多方位固沙/阻沙模式。

9.1 入黄风沙控制技术的设计思路

入黄风沙刘拐沙头段，风沙入黄形式以风沙流形式为主，宏观变现为沙丘逐年快速向河道推进，推进速度为 3.89m/a（2012～2015 年），沙丘移动速度在年内的变化中，沙丘移动速度以 5 月最快，1 月、8 月、9 月最慢，沙丘前移主要发生在 3～5 月，占全年前移距离的 73.51%。

整个刘拐沙头段，沿岸的防沙防护林（柳树）基本死亡，这个防护林带已经失去作用。在空间上，沿岸流沙与沙漠沙直接相连，沙漠给入黄风沙在来风方向提供了源源不断的沙源，形成流沙通道。每年的 3～5 月是该地区风力最大的时候，且这段时间基本无降水，土壤水分含量极低，沙子的流动性大。风力和沙源在空间上具有连续性，水分限制因子和大风动力因子在时间分布上的异质性，导致入黄风沙加剧。

对入黄沙害特征的分析表明，单一的控制措施往往难以奏效，局部的防治往往难见成效，因而，必须将入黄沙害周围环境视为一个整体，用系统论观点看待之，从全局上把握之，因地制宜地规划之，因害设防整治之，这是沙害综合控制技术体系建立的核心思想。

入黄沙害综合整治技术体系的设计思路是：应本着因地制宜，因害设防，就地取材，统一规划，综合整治。整体上把握，统一规划，成片治理，逐步推进原则。通过建立一个完整的防护体系，使工程措施与生物措施相结合、固沙措施与阻沙措施相结合，相互配合，取长补短，相得益彰，充分发挥各种措施的防风固沙效能，将危害降低至最低程度，取得最大的沙害控制效果。

沙漠沙入黄的重要方式是沙丘前移和风沙流输送过程。以固为主、固阻结合的沙漠锁边林是有效地控制沙丘前移和风沙流输送风沙入黄的主要工程措施。

整体上把握，统一规划，成片治理，逐步推进原则。对黄河乌兰布和段的防沙治沙进行统一规划，在沿河方向上实行分期、分段治理。

从黄河乌兰布和段刘拐沙头断面图 9-1 可知，在黄河左侧沙漠大地高程低于右侧荒漠草原的大地高程，黄河河道的大地高程低于两侧河岸。沙漠一侧是风沙入黄的主要策源地，在冬春季节大风天气，沙物质被以风沙流形式送入黄河。所以，在沙漠一侧设置风沙防护带控制风沙进入黄河。

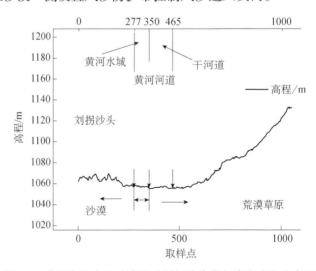

图 9-1 黄河乌兰布和沙漠段（刘拐沙头段）高程变化分布图

在沿河由外侧向河道内侧分别设置：前沿固沙带（沙障）、防风阻沙带（灌木）、防风降尘带、固尘植草带、河岸护坡带（图 9-2）。

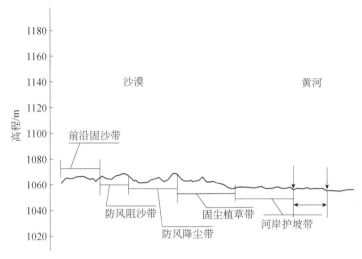

图 9-2　综合防护体系布设图

（1）前沿固沙带是整个技术体系的第一道防线，处于外围自然生态恢复区，为乌兰布和沙漠入黄风沙控制的前沿地带，也是沙害控制的先驱措施。该区以大面积的流动沙丘为主，分布较为密集，丘间地较少，沙丘的蚀积转换频繁，风沙活动强烈，沙丘移动快。

前沿固沙带以工程控制措施为主，固沙带位于整个防沙体系的最前沿，可就地取材，利用葵花秆、麦草、高粱秆、芦苇、黏土等乡土材料，结合使用土工布、土壤凝结剂等新材料设置方格沙障，就地固定流沙，变动为静减弱沙粒的活动性，防止流沙前移推进。方格沙障规格在迎风坡及坡顶宜采用 1m×1m 小规格，在背风坡或弱风的平缓沙地，则可适当放大规格，采用 1.5m×1.5m 或 2m×2m，甚至更大。固沙沙障主要是控制流沙就地起沙，在沙丘的迎风侧全部设置沙障，设置宽度约 1～2km，减缓沙丘的移动速度。

（2）防风阻沙带：（灌木）位于前沿固沙带内侧，种植梭梭、花棒、柽柳、沙柳等一年生苗，按照成两行一带式造林模式种植，带间距 4H（H 为株高），行距控制在 1.5m 左右。设置这一带目的是降低近地表 1m 内的风速，消减底层风能量，拦截沙障内二次启动的风沙。设置宽度为 1000～500m。

前沿固沙带和防风阻沙带的建立既可阻挡体系外沙源的入侵，又可固定体系内部的沙粒运动。

（3）防风降尘带：紧贴防风阻沙带内侧，在该带内主要种植旱柳（_Salix_

matsudana）、银白杨（*Populus alba*）、垂柳（*Salix babylonica*）、沙枣（*Elaeagnus angustifolia*）等耐盐乔木等，造林规格：带距 $4H$，行距 $L=2m$。造林模式采用两行一带式（杨文斌等，2011）。设置防风降尘带的目的是降低高空风速，使飘移的细小沙物质沉降。这样可以使土壤细小黏粒随风速的降低，部分得到沉降，增加土壤肥力。同时防止风速再次增强，带起地表的沙物质。在再次增强之前，将风速提前控制并降低。设置宽度约 100～500m。

（4）固尘植草带：在细小尘物质降落的地区，也就是防风降尘带的内侧设置固尘植草带。在该地区撒播沙漠中常见的一年生和多年生沙生植物。并在该处设置沙障，减少沙子的流动，同时在沙障内种植常见的灌木，并利用黄河水设置滴灌带，保证这一带草本植物和灌木的成活率，实现灌、草和工程措施的综合治理。通过固尘植草带不仅可促进撒播植被恢复，而且可通过大气落尘、枯落物、苔藓地衣及微生物的作用而形成沙结皮，加速土壤的成土过程，提高土壤的抗蚀能力。同时随着土壤的改善，能够自然恢复植被，形成稳定的生态屏障带。

（5）河岸护坡带：在紧贴黄河沿岸的地带，设置河岸护坡带，防止黄河对河岸的掏蚀，同时要保证河水与沙漠之间水分的渗透。为有效阻止河流的掏蚀作用，减少沙漠坍塌入黄沙量，需要对河道左岸的沙丘进行护坡工程建设。根据河道左岸沙丘的分布状况，确定护坡工程规模为 50km×30m。护坡工程量主要包括砂砖制作工艺和沙丘背风坡砂砖铺垫工程。砂砖制作主要是应用乌兰布和沙漠沙采用新型沙漠沙制砖技术制成 50cm×50cm×3cm 规格的砂砖；沙丘背风坡砂砖铺垫工程主要应用 50cm×50cm×3cm 型号砂砖铺垫沙丘背风坡面，防止河流对沙丘的掏蚀作用，同时保证黄河水向沙漠的入渗。在防止河流掏蚀河岸的同时，保证土壤水分的自由流动，保证沙漠内植物正常生长。

9.2　入黄风沙控制技术措施

黄河宁蒙河段是黄河上游风沙、水沙活动强烈、河道演变剧烈的关键河段之一。近几十年来，由于气候变化、沙漠扩张、人口增加、耕地扩大、用水过度等多因素的影响，该河段河床淤积抬高，河槽萎缩，不仅影响到河套平原的灌溉安全，而且在一定程度上影响到黄河上游大型水利工程的布局。自 1958～1989 年，乌兰布和沙漠每年风沙入黄量约为 0.178 亿 t，2000 年则达到 0.286 亿 t。由于风沙在黄河淤积，致使河道阻塞，水利枢纽库容减少，调水调沙能力减弱（杜鹤强等，2012）。自 20 世纪 80 年代三北防护林工程启动以来，沿黄两岸的沙漠治理列入工程范围，治理速度有所加快，经过多年的治理，项目治理区取得了一定的效果，积累了一些成功治理沙漠的经验。但由于以往的治沙主要是被动式的生态治理，且治理面积远小于危害面积，生态治理区相互独立，没有形成整体的防护体系，存在许多治理空缺，特别是近年来风沙危害的加剧、防护林"冻融剥皮"及沙丘不断向河道的推进，致使许多原有建设的黄河沿岸生态治理工程失去了其防护效果，加之治理过程中的不连续性和对防治措施的科技投入十分有限，使得黄河沿岸的流动沙丘没有得到有效控制，依然严重威胁黄河河道的安全运行。

实践证明单一的控制措施往往难以奏效，局部的防治往往难见成效。因而，必须将入黄沙害周围环境视为一个整体，用系统论观点看待之，从全局上把握之，因地制宜地规划之，因害设防整治之，这是入黄风积沙综合控制技术体系建立的核心思想。入黄沙害综合整治技术体系的设计思路是：应本着因地制宜，因害设防，就地取材，统一规划，综合整治。整体上把握，统一规划，成片治理，逐步推进原则。通过建立一个完整的防护体系，使工程措施与生物措施相结合、固沙措施与阻沙措施相结合，相互配合，取长补短，相得益彰，充分发挥各种措施的防风固沙效能，将危害降低至最低程度，取得最大的沙害控制效果。本研究通过对比研究和对已有成果的调查，形成了适宜于沿黄两岸入黄风沙的治理技术。

9.2.1　工程措施

设置沙障是防沙治沙工程建设中最常用、有效的技术措施，尤其在流动沙地治理和植被恢复中具有重要的作用。沙障是指，为控制地表风沙运动，防止风沙危害，采用固体材料在流动沙面上设置的障蔽物，并以此来控制风沙流的方向、速度、结构，改变地表的蚀积状态，保护目的植物成活和生长，达到防风阻沙、改变风的作用力及地貌状况等目的。科学合理地设置沙障是流动沙地能够建立固沙植被的前提和技术保证。

根据沙障的高度、铺设形式、材料、结构及设置目的的不同，沙障可划分为不同类型。

1. 沙障高度

根据沙障材料露出地表的高度，可划分为：

（1）高立式沙障：高出地面 50cm 以上的直立沙障。

（2）矮立式沙障：高出地面 20～50cm 的直立沙障。

（3）隐蔽式沙障：几乎全部埋入沙内，或稍露顶部的沙障。

（4）平铺式沙障：铺设高度在 20cm 左右，直接覆盖在沙面的沙障。

2. 铺设形式

根据沙障的平面铺设形式，可划分为：

（1）条带状沙障：沙障呈条带状分布，主要设置于有两个主风的区域。

条带状沙障的带间距：在坡度小于 4° 的平缓沙地进行条带状配置时，相邻两条沙障的距离应为沙障高度的 10～20 倍；在沙丘迎风坡配置时，下一列沙障的顶端应与上一列沙障的基部等高。沙障间距可参照式（9-1）计算：

$$D = H \times \cot a \qquad (9\text{-}1)$$

式中，D 为沙障间距，m；H 为沙障高度，m；a 为沙面坡度，度（°）。

（2）网格状沙障：沙障呈网格状分布，主要设置于风向不稳定、除主风外尚有较强侧向风的区域。

网格状沙障的网格大小：配置网格状沙障时，可以根据风沙危害的程度选择 1m×1m 至 4m×4m 等不同网格规格。

3. 沙障材料

根据需要和成本差异，可以采用各种网状物、树木枝条、板条、秸秆、柴草、黏土、砾石、沙袋、土工布等材料制作沙障。其中，采用活体植物作为沙障材料的称为生物沙障，采用干植物体、黏土、砾石、土工布等非活体植物作为沙障材料的称为机械沙障。

4. 沙障结构

根据沙障孔隙度，可将直立式沙障分为三种结构：

（1）通风结构：沙障孔隙度大于 50%，适用于输沙。

（2）疏透结构：沙障孔隙度一般在 10%～50% 的沙障，常用 20%～50%。

（3）紧密结构：沙障孔隙度小于 10%，适用于阻沙。

5. 沙障设置目的

（1）阻沙型：设置在风沙流动性强的地方，以拦截、阻滞风沙运动为主要目的的沙障类型。

（2）固沙型：设置在大面积沙地、道路两侧、重要基础设施和其他需要保护的地方，以固定流沙为主要目的的沙障类型。

（3）输导型：设置在迎风面、路肩外侧、弯曲转折地段，以输导风沙流为主要目的的沙障类型。

9.2.2　几种常见的沙障类型及其技术指标

1．草方格沙障

1）设计技术指标

沙障材料：稻草、麦秸等，材料长度 30cm 以上。

沙障规格：草方格沙障的规格要根据地区风力大小和方向而定，在单向风地区可以垂直风向设置带状草沙障；在风向随季节变化不定的地区，要扎制格状的草方格沙障。草方格的规格大小以地区风力而定，最常见的为 1m×1m 在地形起伏不大的沙面上，实践证明 1m×1m 草方格最为合理，也有一定的理论依据。在风能较小的平坦沙地可以灵活地放大草方格规格，为 2m×2m。在迎风坡，因地形的倾斜，沿等高线的草带要加密，原则上 $l \leqslant h_c / \sin\alpha$（$l$ 为草带间距；h_c 为草带草的出露高度；α 为地形坡度）。在地形坡度超过 30℃ 的落沙坡上，不适宜和不需要扎草方格沙障。

沙障高度：地面以上 5～10cm，沙障入土深度 5～10cm。

2）施工与建设程序

将稻草、麦秸等沙障材料堆放在需要铺设的沙丘附近。按照沙障的设计规格进行放线，其中沿沙丘等高线方向为纬线样线，垂直沙丘等高线方向为经线样线。从沙丘上部往下或按材料堆放远近顺序施工，以便于材料运送，或避免施工人员不慎踩踏铺设完好的沙障。同时扎制草方格前需将材料上撒一些水，使之较湿润，为的是提高材料的柔性，以免扎制时折断。

将稻草或麦秸垂直平铺在样线上（在经纬样线交叉部位也要放置稻草或麦秸），组成完整闭合的方格，铺设厚度约为 2～3cm。将方型铁锹放在稻草或麦秸中央并用力下压，使稻草或麦秸两端翘起（翘起部分高出沙面 5～10cm），中间部位压入流沙中（入沙深度 5～10cm），并注意不要用力过猛压断稻草或麦秸，同时用脚将草带两侧的沙踩实，并用铁锹将中间的沙向草带下刮一刮，使草方格间提前形成碟形凹槽，有利于沙障内地面稳定。依次类推，完成整个沙障施工铺设任务。这里使用的铁锹要钝一些，目的是将材料压进沙中，而不是要切断材料，民间铁匠锻造的平板锹用来扎草方格最好（图9-3）。

图9-3　草方格沙障施工中

3）效果评价

稻草、麦秸价格低廉、施工方便，沙障使用寿命1～3年，固沙效果明显，技术成熟，使用普遍，可适用于任何流沙环境。同时，草方格沙障腐烂后能够改善土壤肥力状况。如果能够配合植物固沙措施，综合固沙效果更好。但是草方格沙障的材料及其运输受到客观条件的限制，使用寿命短，二到三年需要重新铺设。适宜在稻草、麦秸等材料丰富、交通运输条件便利的流动沙地使用（图9-4）。

图9-4　草方格沙障

2. 沙袋沙障

1）设计技术指标

沙障材料：各类型棉布、土工布、PVC 聚氯乙烯、PVC 复合篷盖材料及生物可降解聚乳酸 PLA 材料等。

沙障规格：常见的有格状沙袋沙障、条带式沙袋沙障、立式沙袋沙障。

（1）格状沙袋沙障：格状沙袋沙障是控制多风向区域最有效的方式之一，其能够通过格状的 4 个边，沙障对风沙起到阻挡作用，使平行和相互垂直的每一根沙障都能够发挥作用。常见的规格有 1m×1m、2m×2m、3m×3m、4m×4m 及 1m×0.5m、1m×2m、1m×3m、2m×3m、2m×4m，规格较大的 5m×5m、6m×6m、5m×6m 格状沙障已经很少见到，较小尺寸如 0.5m×0.5m、0.5m×1m 等，由于单位面积内需要包装材料较多，灌装用工较大，并且其防护效果一般，所以在实际应用中较少用到。

（2）条带式沙袋沙障：条带式沙袋沙障一般设置在仅有单一方向或正反两个方向主害风的沙区，通过单根沙障与主害风垂直设置即可起到很好的防治效果，不仅比格状沙障省材料，而且省工。条带式沙袋沙障的工程尺度主要是指两根沙袋沙障之间的间距，常见的规格有 1m、2m、3m、4m，而较大间距的 5m、6m 及以上较少用到。近年来，以 PVC 复合篷盖材料为沙障材料制作的羽翼袋沙障也比较多见，且开发出了与之相适应的一体化铺装设备，可以实现大面积的机械化铺设。

（3）立式沙袋沙障：立式沙障主要分为低立式和高立式两种，低立式沙袋沙障的设置将灌装好的沙袋直立于沙丘表面，沙袋的横切面直径要大于 15cm，高度为 20～30cm。如果沙袋的横切面直径过小，沙袋不容易直立，即便直立后也易发生倾倒，而失去阻挡风沙作用。每根沙袋装好后可并排放置，每根沙袋之间可留有一定的空隙，形成透风立式沙障。例如，李锦荣在低立式土工沙障的设置中，将空隙设置为 15%、25%、35%三种类型。沙袋直立后，可以按照格状和带状方式进行摆设；高立式沙袋沙障，通过把灌装好的沙袋依次叠放在一起，沙袋不宜过长、过粗，长度为 2～3m，粗为 10cm 左右即可，规格太大，沙袋不容易搬运。紧贴两侧分别砸入木桩，起到固定沙袋的作用，防止沙袋滑落。此立式沙障不宜过高，叠放 4～6 根沙袋即可，整体高度便可达 40～60cm。另外还有一种设置方法是将灌装好的沙袋按照等差数列计算数量并依次进行放置，如第一层（地表层）并排平行放置 3 根，第二层放置 2 根，第三层放置 1 根；也可以第一层放置 5 根，按等差递减数列计算沙袋数量，依次放置。可不用木桩等辅助材料，也可形成稳定的立式沙障。

沙障高度：沙袋沙障单根置于沙丘表面，其地表以上高度为 5～15cm，粗度规格太大，沙袋装满需沙量较大，会造成施工困难。粗度规格越小，灌沙越容易，但是沙袋承受风沙能力较弱，容易被吹蚀变形。

2）施工与建设程序

将各种不同材质的沙障材料裁至沙袋所需长度和粗度，制作成圆筒状袋子，根据铺设沙丘的宽度及施工方便，每个袋子长度不一，有的提前裁剪制作成 5～20m 的袋子，并封闭布袋一侧；PLA 沙袋沙障长度 100～200m 一盘，铺设时根据需要随时剪断即可。将制作好的布袋沙障运送到野外实施地点，根据沙丘防沙固沙需求铺设沙障即可。

铺设时，首先按照设计要求在沙丘上布设工程线，沿线设置沙障。在没有封闭的布袋一侧使用专用工具，并将布袋套入专用的填沙工具中，就地取材填入流动沙土，填满后末端打结扎紧。将单个沙袋沙障一个个首尾连接，形成类似香肠连接结构方式的沙障。在铺设格状沙障时，为了避免风速过大或地形因素等引起的格状变形，沙障在铺设时采用编席的方式，相互叠压，编织成大小相同的格状，这样可以提高沙障的抗形变、抗吹散能力（图9-5）。

图 9-5　沙袋沙障施工中

3）效果评价

通过工业化生产筒状沙袋，沙袋就地装沙制成沙袋沙障，就地铺设沙障防风固沙，解决了在环境条件恶劣地区沙障材料缺乏的问题。同时与传统沙障相比，沙袋沙障运输、施工费用较低，使用寿命长，维护费用低，具有广阔的推广前景（图9-6）。

图 9-6 沙袋沙障

3.纱网沙障

纱网沙障属疏透型沙障,即风沙流可顺利通过纱网沙障,能有效减少沙障间风蚀凹面深度。在纱网沙障两侧或在网片两端翘起直立的中间部分出现积沙,而在沙障间空地部位不形成风蚀凹面,有利于天然植物种子的留存和生长。如果在沙障间造林则不会因风蚀而导致根系裸露死亡,这是该沙障的最突出优点。同时,该沙障抗老化性能好、材质轻、运输便利,在野外铺设时施工简单、速度快。

1)设计技术指标

沙障材料:聚乙烯(polyethylene)抗老化防虫网,聚乙烯是乙烯经聚合制成的一种热塑性树脂,属于绿色环保材料。网孔尺寸约为 20 目。纱网宽 50~60cm,长度根据铺设沙丘的宽度可随意剪裁。

沙障规格:根据铺设区沙丘风蚀及成本控制状况,一般选择 4~6m 带宽的带状沙障或 2m×2m 至 4m×4m 等不同规格的网格式沙障。

沙障高度:地面以上 10~20cm。

2)施工与建设程序

铺设时,按照具体施工设计方案,在流动沙地表面画线,然后将纱网平铺在划好的线上,然后用平底铁锹在纱网中心部位下压,下压深度 10~15cm,使平铺网片两端翘起直立,翘起的网片间距为 5cm 左右,形成高度 10~20cm 的沙障。铺设至施工线结束端时,用剪刀剪断纱网即可。然后按照沙障的设计规格,由上至下进行铺设,直至完成全部铺设内容。如果需要治理的是平缓流动沙地,则全部铺设此沙障;如果流动沙丘坡度小于 10°,在流动沙丘中下部(约沙丘 2/3 以下范围）铺设此沙障即可，流动沙丘顶部不设置沙障，通过风力拉沙作用，逐渐使沙丘坡度变缓，恢复自然植被（图 9-7）。

图 9-7　纱网沙障施工中

3）效果评价

纱网沙障改变了风沙流结构特征，可有效拦截地表风沙流中的沙粒，减少风沙危害。不同规格的纱网沙障其拦沙效果不同。闫德仁等（2016）利用风洞模拟研究发现，距离地面 14cm 以下的范围内，网格状纱网沙障的输沙量显著低于带状沙障的输沙量，表明网格状纱网沙障在拦截地表风沙流和控制地表风蚀方面优于带状沙障（图 9-8）。

图 9-8　网格式纱网沙障

4. 沙柳沙障

沙柳沙障固沙是机械沙障的一种，以沙柳柳条为材料，在沙面上设置各种形式的沙柳配置模式，以此来控制风沙流运动的方向、速度、结构，改变地表的积蚀状况，达到防风阻沙、改变地貌状况等目的。

1）设计技术指标

沙障材料：40～100cm 长的沙柳条。

沙障规格：根据沙障在地面分布的形状可分为：方格沙障、矩形沙障、菱形沙障、带状沙障。

（1）方格沙障：0.5m×0.5m，1m×1m，2m×2m，3m×3m，4m×4m，5m×5m。

（2）矩形沙障：1m×2m，2m×3m，2m×4m，2m×5m，3m×4m，4m×5m，3m×6m。

（3）菱形沙障：0.5m×0.5m，1m×1m，2m×2m，3m×3m，4m×4m，5m×5m。

（4）带状沙障：5m，10m，15m，20m，30m，40m。

走向设置：由于当地主害风向为西北风，副主风为西南风，设置沙障主带走向为东北—西南方向，副带因沙地坡面可垂直于主带，或者主带、副带形成45°夹角。

沙障高度：根据沙障外露高度将沙柳直立式沙障分为以下 3 种：①高立式沙柳沙障：沙障外露高度 > 40cm。②半隐蔽式沙柳沙障：沙障外露高度为 20～40cm。③低立式沙柳沙障：沙障外露高度为 5～20cm。

沙障孔隙度：在障间距和沙障高度一定的情况下，沙障孔隙度的大小，应根据各地风力及沙源情况来具体确定，一般多采用 25%～50% 的沙障孔隙度。风力大的地区，沙源小的情况下孔隙度应该小些，沙源充足时孔隙度应增大。

2）施工与建设程序

（1）直立式沙障：在流沙上按照提前设置好的沙障规格（0.5m×0.5m、1m×1m、2m×2m、3m×3m、4m×4m、5m×5m）采用固定点打桩、铺设样线，沙障的走向与主风方向（NW）垂直。把沙柳条截成 70～120cm 的长度，沿着划好的线用铁锹开 20～30cm 深的沟。沙柳沙障外露高度为 40～80cm，地下埋深 30～40cm。将沙柳条基部插入沟底，两侧培沙，扶正用脚踩实，培沙要高出沙面。最好在降雨后再培沙一次，防止降雨导致培沙下陷后沙障出现倒伏的情况。直立式沙障包括网格式沙障和行列式沙障（图 9-9）。

（2）平铺式沙障（沙柳集束式沙障）：在 5m 高度以上沙丘的迎风面按照沙障铺设的设计采用样线法打桩、画线，取 2/3 直至沙丘顶部的位置，将平茬的整株沙柳集束，主带沿等高线与主风方向垂直，副带与主带为 45° 夹角，配置为菱形沙障；主带沿等高线与主风方向垂直，副带与主带为 90° 夹角，配置为格状沙障。沙柳集束不宜扎紧，束间为疏透结构，集束粗度以 15～25cm 为宜，接口处及主、副带的交叉处用 14 号铁丝捆紧（图 9-10）。

图 9-9　网格式沙柳沙障

图 9-10　平铺式沙柳沙障

3）效果评价

沙柳沙障与麦草沙障有明显不同，如果设置沙障的季节合适，插下去的沙柳枝条有的还能成活，长成沙柳灌丛。设置沙柳沙障的一次施工能够同时达到工程治沙及生物治沙的双重目的，因此，这是一种很有推广价值的治沙措施。根据高永等（2013）的实验研究，设置沙柳沙障能够增加沙丘表层细颗粒含量，有效控制地表粗化，并且能够改善沙丘土壤的养分状况，从 1m×1m 规格沙障开始，随着沙障面积的增大，粗糙度下降得很快，到 3m×3m 规格沙障之后，粗糙度下降幅度减小。沙柳沙障的防护效益与沙障的高度规格有直接关系。王翔宇等（2008）研究表明：高度一定的带状沙柳沙障，行数越多，带距越小，防护效果越好，但是成本也越大。三行一带的沙障防护效益要好于两行一带和一行一带的沙障，但是成本也高。其研究得出发挥最大成本效益的带状沙柳沙障规格为三行一带：带高 1.5m、行距 1.5m、带距 10.5m，一行一带的沙障，不管高度如何，成本效益都不理想。

5. 直播植物活体沙障

1）设计技术指标

沙障材料：目的树种杨柴，伴生植物种选择燕麦或小麦。

直播时间：雨季（6～7 月）。

沙障规格：根据流动沙地起伏、平缓等状况，直播生物沙障网格设计为 1m×1m、1m×2m 和 2m×2m 等不同的规格。

2）施工与建设程序

结合流动沙地的特点，采用单人拉式直播机械，通过改进种子箱、下种口和深度控制等，并按照设计的网格进行直播生物沙障。将目的树种和伴生树种的种子按比例进行混合，直播深度 3cm，开沟宽度 20cm，按照每亩 11kg 的播种量进行直播。实现开沟整地、播种、覆土一次完成，从而实现整个沙障施工铺设任务。

3）效果评价

直播植物活体沙障采用一年生植物种当年能够形成密集沙障和多年生目的树种生物沙障替代接续相结合的方法，实现流动沙地生物沙障固沙当年见效，两年成型（植被覆盖率达到 30%），三年稳定（植被覆盖率达到 50%），持久发挥目的树种沙障的固沙作用。但是只适宜在沙障材料丰富，且水分条件较好（年平均降水量 300mm 以上）沙地使用。

9.2.3　生物治理措施

通过保护、恢复天然植被和建立人工植被，也是防止风蚀、阻挡和固定流沙的重要措施。

1. 封育

对具有天然下种或萌蘖能力的沙地实施封育，可以保护植物的自然繁殖生长，并辅以人工促进手段，促使其恢复形成灌草植被，是治沙工程中一项重要的技术措施。

封育类型及期限，主要封育类型为乔灌型（封育期 5～8 年）和灌草型（封育期 3～5 年）。

2. 封育方式

（1）全封：对于风沙危害特别严重地区、恢复植被较困难的封育区以及国家重点工程区，禁止一切不利于林草植被恢复的人畜活动，即全面封禁。

（2）半封：对于植被覆盖度较大、植被自然恢复条件较好的封育区可采用半封方式，即在林木生长期内，禁止不利于林草植被恢复的人畜活动。

（3）轮封：在沙化较轻的地区，或当地群众生产、生活和燃料等有实际困难的非生态脆弱区的封育区，可采用按地块轮流封育的方式。

3. 封育作业

封育作业包括封禁和人工辅助育林两个方面。

1）封禁

（1）在封育区周界明显处树立坚固标牌，标明工程名称、在封区四至范围、面积、年限、方式、措施、禁止的活动、责任人等内容。封育区周边设简易警示牌。

（2）在人畜活动频繁的封禁区周围或部分地段设置网围栏、刺丝围栏、围壕（沟）等进行围封；或者栽植沙棘、沙枣、刺榆、锦鸡儿等有刺乔灌木的生物围栏。

（3）根据封禁范围大小和人畜危害程度，设置管护机构和专职或兼职护林员。

2）人工辅助育林

（1）对于具有萌芽、萌蘖能力的灌木，生长多年枝条老化衰退的，应在生长期停止的晚秋到冬末进行平茬复壮。

（2）在有条件的地方，用发芽能力强的乔灌木种子，进行人工补播，或者使用容器苗、野生苗，对有无性繁殖能力的树种，选用1～2年生的健壮萌条作穗材，挖穴栽植或扦插进行补植造林。

4. 飞播

飞播是指"根据森林植被自然演替规律，以树种天然下种更新原理为理论基础，结合树种生态、生物学特性，采用以飞机模拟天然下种方式，在一定的地段上，集飞播、封育、补植补播或复播、管护等综合作业措施为一体，以恢复、改善和扩大地表植被为目的的造林技术措施。"

1）飞播区域的选择

选择条件：平缓沙地或沙丘相对高度不大于 15m、沙丘密度不大于 0.6、植被盖度 3%～12%、地下水埋深 2～10m 的沙地。

2）飞播树（草）种的选择

飞播树种一般具有以下几个特点：①抗风蚀、耐沙埋、根系发达、种子吸水能力强、发芽快、幼苗抗逆性强、易成活、株丛高大稠密、自然更新能力强；②小粒、种粒扁平、附着力强；③种源丰富、产量多、容易采集、耐贮藏。

常用飞播治沙的植物种有：紫穗槐（*Amorpha fruticosa*）、斜茎黄芪（沙打旺）（*Astragalus laxmannii*）、花棒（细枝山竹子）（*Hedysarum scoparium*）、蒙古岩黄芪（蒙古山竹子）（*Hedysarum fruticosum* var. *mongolicum*）、塔落岩黄芪（塔落山竹子）（*Hedysarum fruticosum* var. *laeve*）、沙拐枣（*Calligonum alaschanicum*）、白沙蒿（*Artemisia sphaerocephala*）、沙蓬（沙米）（*Artemisia desertorum*）、草木樨（*Melilotus officinalis*）、虫实（*Corispermum hyssopifolium*）等。

3）播期选择

一般以历年气象资料为基础，结合当年天气预报，确定最佳播种期。沙区应在春季大风天气结束，风力小于 3 级时抓紧时间抢播，为降雨前种子靠风力覆沙留出时间，以防闪芽，播种期为 6 月下旬至 7 月中旬，最佳播种期为 7 月上旬。

4）播种量确定

播种量以既要保证播后成苗、成效，又要力求节省种子为原则，依据下式确定。

$$S = \frac{N \times W}{E \times R \times (1-A) \times G \times 1000} \tag{9-2}$$

式中，S 为每公顷播种量，g/hm^2；N 为每公顷设计出苗株数，株/hm^2；E 为种子发芽率，%；R 为种子纯度，%；A 为种子损失率/鸟、鼠、兔危害率，%；G 为飞播种子现场出苗率，%；W 为种子千粒重，g/千粒。

《飞机播种造林技术规程》（GB/T15162—2005）规定了飞播治沙造林树（草）种可行播种量（表 9-1）。

表 9-1　常见飞播树（草）种可行播种量

树（草）种	播种量/（g/hm²）
紫穗槐	3750
花棒	3750～7500
蒙古岩黄芪	3750～7500
白沙蒿	3750
黑沙蒿	3750
塔落岩黄芪	3750～7500
斜茎黄芪	3750
草木樨	3750
沙蓬	3750
阿拉善沙拐枣	11250
虫实	3500
沙蒿	5000～8000
籽蒿	5000～8000

5）种子处理及装种

根据种子的特点选用下列方法中的一种或几种进行处理：

（1）脱翅、脱毛、脱壳、除蜡处理：有果翅、刺毛、荚壳和蜡质包裹的种子，需进行脱翅、脱毛、脱壳、除蜡。

（2）种子大粒化、胶化处理：易漂移、易滚动的种子，应在其外表裹上比种子质量多 2～3 倍的黏土，制成表面光滑的种子丸，外被绒毛的种子应先用牛皮胶水粘裹，再粘裹约为种子质量 0.6～0.8 倍的沙粒，晒干后备用。

（3）种子的丸衣化处理：可选用根瘤菌（豆科植物种子）、吸水剂、稀土元素、植物生长调节剂等材料对种子进行丸衣化处理，使种子质量增加 0.6～1 倍，各种丸衣化材料的用法、用量应参照产品说明书或相关资料确定，在批量确定种子前，应先在实验室进行有关生理指标试验。

（4）种子的防鸟、鼠、兔害处理：用各种驱避剂，优先选用无公害产品。

有条件时，应尽量使用专业化工厂生产的经过综合处理过的种子。

经处理合格的种子方可装种上机，并应严格按每架次设计的树（草）种数量装种。

6）飞行作业

按设计要求压标作业，地形起伏高差较大时，可适当提高飞行高度，但必须保持航向，并根据风向、风速和地面落种情况及时调整侧风偏流、移位及播种器开关，确保落种准确、均匀。侧风风速大于 5m/s 或能见度小于 5km 时，应停止作业。每架次飞播结束后，从电脑屏幕验证作业轨迹，评价本架次作业质量，并及时纠正发现的问题。

飞播实施单位和飞行部门共同做好飞行作业日记录工作，详细统计当日飞行架次、飞机起降时间、播区名称、播种面积、植物种配置及每架次作业效果，原始记录应保存备查。

5．人工造林

1）树种选择

沙区造林的树种选择需遵循以下几个原则：

（1）适地适树，乡土树种优先，保证造林立地条件与树种的生物生态学特性一致。

（2）干旱区以灌木树种为主，半干旱区乔灌结合，加大灌木树种比例。

（3）根据造林目的，选择适宜树种。防沙固沙林要选用根系发达、枝叶繁茂、易分蘖、耐风蚀沙埋、抗逆性强的树种。

2）造林配置

（1）树种配置：一般由灌木或灌木+小乔木组成。

（2）配置规格：

防风林林带应尽量垂直于主害风方向。通常采用两行一带的低密度规格造林。带宽4~10m，株距1.5~2m，行距2~3m。

固沙林根据需要可选择带状、片状或块状配置。根据水分条件的不同，株行距一般为：灌木2m×2m~2m×4m、乔木3m×4m~3m×5m。

3）造林时间

沙区造林主要集中在春夏两季。一般植苗造林均在春季土壤解冻后开始，树木发芽前完成。夏季（雨季）适用于播种造林、容器苗和带土坨苗造林。

4）造林方法

A．直播造林

适用易生根发芽、并有一定抗旱性的适生乡土树种，在雨季可播种造林。适宜播种造林的植物种有梭梭、花棒、蒙古岩黄芪、柠条锦鸡儿、沙蒿、籽蒿等。

播种方法：条播、点播或撒播。大粒种子可直接播种，小粒种子可拌沙播种。播后覆土、压实。大粒种子覆土3~4cm，小粒种子覆土1~2cm。

播种量：根据立地条件、种子质量和造林密度等确定。花棒、杨柴、柠条锦鸡儿的播量一般为7~15kg/hm²，沙蒿、籽蒿的播量为5~8kg/hm²。

B. 插杆、插条造林

在沿黄岸边地下水埋深小于 3m 的沙地，杨柳类乔木树种可插杆造林，沙柳、旱柳、柽柳、沙拐枣、杨柴、紫穗槐等树种可插条造林。

插杆造林一般用截根苗干或萌生枝，要求长 2～3.5m，杆径 3cm 以上。埋植深度 80～100cm。插条造林用 1～2 年生的健壮萌生条，插条长 30～80cm，直径 1.5～2cm。造林时应深埋少露。

C. 植苗造林

穴植：植苗时要扶正苗干，舒展根系，分层埋土踩实。干沙层深厚和风蚀严重的地区应适当深栽。

缝隙栽植：栽植直根型小苗时，先用锹开缝，后放入苗木，踩实土壤。苗木不窝根，栽植深度略超过苗木的根颈部。

6. 主要造林树种

I 旱柳

旱柳（*Salix matsudana*）为杨柳科、柳属落叶乔木，花期 4 月，果期 4～5 月。喜光，耐寒，湿地、旱地皆能生长，但以湿润而排水良好的土壤上生长最好；根系发达，抗风能力强，生长快，易繁殖。

1）育苗方式

A. 扦插育苗

插穗采集与制备：于休眠期采种条。可选 1～2 年生枝于秋季采下，经露天沙藏，来春剪穗。先去掉梢部组织不充实、木质化程度稍差的部分，选粗度在 0.6cm 以上的枝段，剪成长 15cm 左右的插穗，上切口距第一个冬芽 1cm，切口要平滑，下切口距最下面的芽 1cm 左右，可剪成马耳形。然后按粗细分级，并将每 50 或 100 株捆成一捆，置背阴处用湿沙埋好备用。柳树扦插极易成活，插穗无需进行处理。但是，若种条采集时间较长，插穗有失水现象，可于扦插前先浸水 1～2 天（以流水为佳），然后扦插，成活率会提高。

扦插：以垄作为常见。单行或双行扦插均可。单行扦插株距 15～20cm；双行扦插行距为 20cm，株距 10～20cm。扦插时宜按插穗分级分别扦插。以小头朝上垂直扦插较好。穗顶与地面平齐，插后踏实。有条件的地方可立即灌水，使土壤折实并与插穗密接，有利于成活。

抚育管理要点：出苗期应保持土壤湿润，干旱时可在垄间步道放水灌溉。幼苗期要及时追肥和中耕除草，并注意清除多余的萌条，选留一枝健壮的培养成主干。速生期苗干上的新生腋芽常抽生侧枝，为保证主干生长，除保留五分之三的枝条外，应及时分期抹掉下部苗干的腋芽，至 8 月上、中旬应停止抹芽。其余管理可参照杨树进行。

B. 播种育苗

采种：旱柳 3～4 月开花，4～5 月果熟。当蒴果由绿色变成浅黄色，少数尖端裂口吐絮时，应抓紧采收。种子的调制与杨树相同。出种率一般为 2%～4%，千粒重 0.11～0.16g。种子极易失去发芽力，故应随采随播。

播种：一般均用苗床播种。播种前，苗床先灌足底水。与此同时将种子用清水浸泡使之吸胀，然后混以温砂，拌匀后播种。条播或撒播均可。播后用细筛筛土覆盖，以不见种子为度。无风沙危害处亦可不再覆土，播后轻轻镇压（用铁锹轻拍床面），再用清水喷雾，使种子落实，与土壤密接。若有风沙危害或旱害较重，可在床边插枝遮阴、挡风。

2）造林方式

（1）插条造林：用 1～2 年生、2～3cm 粗的柳条截成 30～50cm 做插穗。在造林地上挖 40cm 见方、30～40cm 深的坑。每穴插条 1～3 株。行距 1.5m，穴距 1.0m。在土壤水分条件好的地方可插浅些，插穗可露出地面 3～5cm。在风蚀严重或土壤过于干旱地方，可将插穗全部埋入土中或堆土封实，以保持土壤湿度，提高造林成活率。

（2）植苗造林：采用 1～2 年生健壮的实生苗或插条苗进行造林。栽植不能过深，比原苗根际深 3～4cm 即可。也可以在秋天采用切干造林方法，截干后留茬高 5～8cm，栽植后切口稍露出地面 1～2cm。踏实后封上土堆。株行距 1m×1.5m。

（3）插杆造林：选用 2～4 年生的健壮苗干或粗枝，直径 2～8cm，长度根据造林目的和立地条件决定，一般为 0.5～2m，高干造林一般为 2～3m 以上，切平两头，修去小枝，顶端切口处涂上黄泥，深植 50～70cm。干条一般于清明前在清水中浸泡 10d 左右，以看到表皮出现有白色或浅黄色突起，但又没有破皮出根为止，并且在浸水过程中要翻动干条，防止皮部变黑腐烂。在栽植前取条，搬运时要注意保护表皮，不要损伤表皮。栽后填土踏实。株行距为 2.0m×2.0m 或 2.0m×3.0m。

II 沙枣

沙枣（*Elaeagnus angustifolia*），胡颓子科、胡颓子属落叶乔木或小乔木，花期 5～6 月，果期 9～10 月；果实椭圆形，粉红色，密被银白色鳞片；果肉乳白色，可食用、饲用。具有抗旱，抗风沙，耐盐碱，耐贫瘠等特点，天然分布于荒漠和半荒漠地区。是乌兰布和沙漠防护林主要树种，兼作饲料林。

1）采种

育苗用种要选择壮龄，无病虫害，果实饱满，粒大的优良母树，打落收集后要摊开晒干，干果在库内堆放时，堆层厚度以 40～60cm 为宜，以后用石碾碾压，脱去果面，净种。出面率一般为 46%～57%，种子在干燥通风的室内堆藏，堆层厚度不超过 1m，较长期储存的种子应晒干，其含水率在 18% 以下。新鲜饱满的种子，发芽率多在 90% 以上，储存良好的种子，5～6 年后发芽率尚达 60%～70%。

2）育苗

育苗方法有扦插育苗和播种育苗两种。扦插育苗基本上与杨树一样。播种育苗通常在春季，以 3 月中下旬为宜，播前需进行催芽处理，一般在 12 月至翌年 1 月，将种子洗净，掺等量细砂混合均匀，放入事先挖好的种子处理坑内（深 80～100cm，宽 100cm，长度随种子多少而定）或按 40～60cm 的厚度堆放地面，周围用沙拥埋成埂，灌足水（要求种子上面积水 10～20cm），待水渗下或结冰后，覆沙 20cm 即可。未经冬灌催芽的种子，播前可用 50℃ 左右的温水浸泡三四天，淘洗干净，捞出放在室外向阳处摊铺，覆盖保湿催芽或采用马粪催芽，当少部分种子露出白尖即可播种。秋播时间以 9 月下旬至 10 月上旬为宜，秋播种子不必进行催芽处理。每亩播种量 20～50kg。一般用行距 25～30cm 大田式条播，或行距 20cm，带距 40cm 的 2～3 行式带状播种，播种深度 3～5cm。春播种子在 3 月下旬至 5 月中旬出苗，6 月上旬前后间苗，苗距 5cm 左右，每公顷保苗 60 万～75 万株。当年苗高 30cm，根际直径 0.4cm 以上，即可出圃。

3）造林

我国造林方法多用植苗或插杆。造林季节选择春季或秋季，以春季为好。在地下水位不超过 3m 的沙荒滩地或丘间低地上造林，可不必灌水，成活率高，生长好。地下水位深时，必须有灌溉条件方可造林。在具备机械造林条件的地区，可采用机械造林或机械开沟，人工栽植，成效很好。

Ⅲ 梭梭

梭梭（*Haloxylon ammodendron*）为藜科梭梭属植物，小乔木，胞果，种子黑色。花期 5～7 月，果期 9～10 月。具有抗旱、耐高温、耐盐碱、耐风蚀、耐寒等诸多特性，是乌兰布和最为常用的一种防风固沙植物。

1）采种

种子成熟期一般在 10～11 月。当翅果由绿色变为淡黄色或灰褐色时，就要及时采收，及时摊晒，碾去翅，净种。种子储藏于通风干燥处。种子发芽能力保存期通常为 6～9 个月，为此，采集的种子一般当年秋、冬或次年春播种。

梭梭种子发芽快、发芽能力强，如白梭梭，在适宜的温度和湿度下。1～2h 后开始发芽，一星期内发芽完毕，发芽率 90% 以上。

2）育苗

梭梭种子千粒重 3g 多，每千克纯种约 30 万粒。梭梭扦插不易成活，一般均用播种育苗，梭梭对土壤要求不严，宜选择盐碱较轻（含盐量不超过 1%），地下水位 1～3m 的轻沙壤土为宜，并有沙障或林带保护，忌在盐碱过重、土质黏重、低湿洼地上育苗。一般采用平床育苗。年前深翻施肥，灌好冬水，要求床面平整，土壤细碎。

播种期一般为 3 月中旬至 4 月初，土壤白天化冻 1cm 即可播种，梭梭种子发芽对地温要求低，白天化冻，晚上又封冻的早春天气里，它能顺利发芽出土。据测定，夜间温度降至 -9℃ 时，也仅有 5% 幼苗冻死。早春抢墒播种易于保墒，又可利用化冻水，而不需灌溉，有利于种子萌发；苗木生长期长，待干旱、炎热的夏季来临时，苗木已经长大，抗性增强。梭梭也可进行秋播。

种子处理，播前用 0.1%～0.3% 的高锰酸钾或硫酸铜水溶液浸种 0～30min 后捞出晾干，拌沙播种。播种量为 25～30kg/m²。通常行距 25cm，开沟条播，覆沙厚度不超过 1cm，播后用石磙轻轻镇压，使之接上底墒。在没有进行冬灌或错过抢墒播种时，可整地做好苗床后灌溉播种，播后用耙耙一遍，再引小水灌溉，以后每隔 1～3 天灌一次，直到出齐苗。生长期中一般不灌水，需及时松土、除草，保持表土疏松，通气良好。

3）造林

一般采用植苗造林。在半固定沙地上造林，成活率高，生长良好，在没有沙障的迎风坡中下部造林，成活率也在 70% 以上，生长很好。在墒情不好的土地上造林时，栽时要浇水。在流动沙丘中下部造林前要设置沙障，栽植深度要使原根茎低于沙面 6～8cm，栽深 40～50cm。造林密度一般为株距 1～1.5m，行距 1.5～2.0m 以上。

Ⅳ蒙古岩黄芪

蒙古岩黄芪（*Hedysarum mongolicum*）豆科岩黄芪属多年生半灌木，又名杨柴、踏郎。开花期从 6 月下旬到 9 月上中旬，荚果，种子卵圆形，黄褐色，千粒重 8.5～15g。具有抗风沙、耐高温、耐干旱、耐贫瘠等特点，杨柴的繁殖能力较强，枝叶繁茂，产量高，作为防风固沙的先锋植物，杨柴发挥重要作用。杨柴生长在草原和荒漠草原地带，萌蘖力强，生长快，多群丛生存，地面覆盖度大，沙埋后能很快发出不定根，能忍受风蚀，防风固沙效果显著。

1）采种

杨柴的开花结实期为7~8月，此时雨量不稳定，落花现象严重，因此，结实量不高。植株矮小，下部枝条上形成的果实易被鼠食，在果实大量成熟后，即荚果由绿色变为橙黄色时，应及时组织人力采收。采收时应首先从迎风坡上部开始，果实容易脱落。采种方法有结合刈割饲料的采种，种子成熟度不一，影响出苗率；效率低但质量好的方法是人工采摘荚果。采回的荚果去掉杂质，晒干后放麻袋内储藏，储藏期间特别注意防潮，以免种子发霉。

2）育苗

（1）育苗地选择通气性良好的沙土和沙质壤土育苗。播前整平。灌足底水，待水入浸后，耙平表土，切断毛细管，以利保墒。

（2）种子处理杨柴荚果皮质鞣，吸水慢。播前需进行催芽处理，用40~50℃水浸种2天，然后捞出混沙堆放进行催芽，每天翻动一次，并洒水保持湿润，待4~6天后，有40%~50%种子咧嘴露白，即可播种。

（3）播种期杨柴发芽的最适宜温度为25~30℃，播期选择在5月下旬、6月初最为恰当。过早幼苗生长不齐，过晚影响当年苗木越冬。

（4）育苗方法一般采用开沟条播，沟深2~4cm，沟间距30cm。播种量37.5~52.5kg/hm²，播后覆土，稍加镇压。

（5）管理与一般苗木相同。应特别注意的是节制灌水，根据沙区干旱的特点，尽量减少苗圃的灌水量和次数，使苗木充分木质化，以提高苗木的抗逆性。灌水太多太勤，会形成过旺过嫩的"大苗"，影响栽植的成活率。

另外，不设苗床，在流动沙地一般采用条播方式，行距1~2m，播种量30~37.5kg/hm²，每公顷产苗木30万~45万株，当年苗高15~25cm，最高45cm，根长45~75cm。对杨柴老株进行深度平茬，平茬在地表以下5~10cm（进行一般平茬时，与地面水平即可）这样每年可产大量萌蘖苗，当年平均株高128.2cm，每公顷产苗5.25万~12.9万株，起稠留稀，既能解决栽植用种苗，又能改变留株地的生态环境。

3）栽植技术

（1）植苗：杨柴植苗春、秋两季都可进行。春季要掌握适时早栽，在沙地解冻后就可进行，秋季栽植在地冻之前完成，春季植苗成活率高于秋季。在流动沙地栽植，以迎风坡的成活率为高，秋季也可以在平缓的背风坡栽植。一般栽植株行距1m×3m，沙丘迎风坡栽植后，需设沙障保护，以防风蚀。

（2）直播：杨柴种子的形态易于自然覆沙，幼苗生长迅速，有利于直播。穴播、条播和撒播（包括飞播）均很适宜。直播一般在5~6月进行。

穴播：用锄或镐挖小穴，每穴播种 5～10 粒，然后盖土，这样便于群体顶土出苗和抵御风蚀。一般株行距 0.5m×2m，播深 2～5cm，每公顷播种量3.8kg。为了提高幼苗的整体抗风蚀能力，也可以采取块状播种，块的大小0.5m×0.5m 或 1m×1m，块间距 3m×3m，于块内条播或穴播，这样成活率高，又方便管理。块内苗木长大后，可以间苗移栽，扩大栽植面积。

条播：在沙丘迎风坡或五间地沿沙丘等高线与主风向垂直的方向开平行沟，一般沟距 3～4m，深 2～5cm，每公顷播种量 11.3kg。采用条播单位面积产量多，苗木长大后可以就地移栽，减少运输损失，提高成活率。

撒播：杨柴种子扁平椭圆，上有皱纹，种子不易发生位移，却易于自然覆沙，具备了撒播的条件，撒播比穴播和条播更省工。但靠自然覆沙，或者没有被沙埋，或者因种子或沙子移动掩埋过深，而影响出苗，所以出苗率低，需加大播种量，每公顷需播种 15kg 以上。

V 白沙蒿

白沙蒿（*Artemisia sphaerocephala*），菊科蒿属多年生半灌木，瘦果倒卵形或长圆形。花果期 8～10 月。耐旱、耐贫瘠、抗风蚀、喜沙埋、结实丰富、采种容易、生长迅速、固沙作用强。沙蒿根系发达，垂直根可达 2m，水平根根幅达 3m 以上，根系分布无明显分层。它繁殖率高，自然更新能力强。雨季在沙丘地可见大片的沙蒿实生苗。

1）采种

果实外壳呈黄灰色，种子成熟时黑褐色，种子不易脱落。采种后，扬去杂物，可得纯种，阴干，置通风干燥处储存，防潮。

2）育苗

宜选沙土和沙壤土育苗，因种子较小，应细致整地，施足肥料，播期宜早，趁春季土壤润湿抢墒播种，覆土以不见种子为度，不宜过深，播种量 90～112.5kg/hm² 为宜。

3）繁殖方式

沙蒿繁殖方法有扦插、直播和植苗 3 种。

A. 扦插

应选一年生萌发条作插穗，因老枝上的萌发条多数短小，萌发力也弱。为了促使沙蒿从根际萌发健壮的茎条，以供栽植用，应平茬更新。扦插季节春、秋两季均可，具体日期可按各地气候特点而定。同时应贯彻"随割、随运、随插"的原则，割下的苗条放置时间越长，成活率越低，如割下 24h 栽植成活率下降到 29%，而随割随栽，则成活率可达 70%～80%。扦插方法，一般带状扦插，带距 3～4m，穴距 0.5m 左右，每穴栽 2 束，每束 6～8 根。穴宽、深约 30～40cm，1～2 年后，即可形成带状绿篱，短期内即可起到防风和稳定沙面的作用。

B. 直播

以雨季为最好，一般 6～7 月进行，过晚不能越冬。直播造林宜选择平缓沙地，风蚀严重的沙丘部位保存率极低，一般直播后宜用平铺沙障保护。播种撒播或开沟带状播种，横对主风方向设带，带宽 20～30cm，带距 3～4m，覆沙 1cm 左右。沙蒿种子很小，只有湿度适宜才能发芽生长，干旱、风吹蚀都直接影响成活率。

C. 植苗

选择野生带根苗栽植。沙蒿植苗可在春季或雨季进行栽植。苗木选择是栽植成败的关键。一般要选择不带果穗的当年生幼嫩枝条或植株。植苗一般也采用带状沟植，带距 2～3m，栽深 30～50cm，每穴放入 2 株苗，之后培土踩实。先由迎风坡下部开始，待沙丘逐渐被风削平，再继续栽植。

参 考 文 献

曹波，孙保平，高永，等. 2007. 高立式沙柳沙障防风效益研究[J]. 中国水土保持科学，5（2）：40-45.

陈广庭. 2004. 沙害防治技术[M]. 北京：化学工业出版社.

杜鹤强，薛娴，孙家欢. 2012. 乌兰布和沙漠沿黄河区域下垫面特征及风沙活动观测[J]. 农业工程学报，28（22）：156-165.

高永，虞毅，龚萍. 2013. 沙柳沙障[M]. 北京：科学出版社.

何京丽，郭建英，邢恩德. 2012. 黄河乌兰布和沙漠段沿岸风沙流结构与沙丘移动规律[J]. 农业工程学报，28（17）：71-77.

刘贤万. 1995. 试验风沙物理与风沙工程学[M]. 北京：科学出版社：132-210.

马玉明，马世威. 1998. 沙漠学[M]. 呼和浩特：内蒙古人民出版社：23-56.

水利部，中国科学院，中国工程院. 2010. 中国水土流失防治与生态安全·北方农牧交错区卷[M]. 北京，科学出版社：143-160.

王涛，等. 2011. 中国风沙防治工程[M]. 北京：科学出版社.

王翔宇，丁国栋，高函，等. 2008. 带状沙柳沙障的防风固沙效益研究[J]. 水土保持学报，22（2）：42-46.

吴正. 2003. 风沙地貌与治沙工程学[M]. 北京：科学出版社.

闫德仁，胡小龙，黄海广，等. 2016. 纱网沙障输沙量风洞模拟实验研究[J]. 内蒙古林业科技，42（3）：1-4.

杨根生，拓万全，戴丰年，等. 2003. 风沙对黄河内蒙古河段河道泥沙淤积的影响[J]. 中国沙漠，23（2）：54-61.

杨文斌，王晶莹，董慧龙，等. 2011. 两行一带式乔木固沙林带风速流场和防风效果风洞试验[J]. 林业科学，47（2）：95-102.

虞毅，高永，汪季，等. 2014. 沙袋沙障防沙治沙技术[M]. 北京：科学出版社.